高职高专艺术设计专业规划教材·产品设计

BASIC COURSE OF PRODUCT DESIGN

产品造型设计基础

倪培铭　韩凤元　编著

中国建筑工业出版社

图书在版编目（CIP）数据

产品造型设计基础 /倪培铭等编著. —北京：中国建筑工业出版社，2014.9
高职高专艺术设计专业规划教材 · 产品设计
ISBN 978-7-112-17179-8

I.①产… II.①倪… III.①工业产品–造型设计–高等职业教育–教材 IV.①TB472

中国版本图书馆CIP数据核字（2014）第189807号

本教材适应于高等职业学院产品造型设计专业，课程的名称为“产品造型设计基础课”，一般开设在第三学期，在学生具备了一定的设计表现技法、立体构成、工业产品造型结构等知识技能之后开设。

本教材的基本目标是：使学生了解产品造型设计的基本知识，产品造型构成与变化的法则，经过造型基础课题训练，掌握实用与审美相结合的产品造型方法，为以后产品设计开发奠定良好的基础。

责任编辑：李东禧　唐　旭　焦　斐　吴　绫
责任校对：李美娜　党　蕾

高职高专艺术设计专业规划教材 · 产品设计
产品造型设计基础
倪培铭　韩凤元　编著
*
中国建筑工业出版社出版、发行（北京西郊百万庄）
各地新华书店、建筑书店经销
北京嘉泰利德公司制版
北京方嘉彩色印刷有限责任公司印刷
*
开本：787×1092毫米　1/16　印张：$6^{1}/_{2}$　字数：149千字
2014年12月第一版　2014年12月第一次印刷
定价：**40.00**元
ISBN 978-7-112-17179-8
(25949)

版权所有　翻印必究
如有印装质量问题，可寄本社退换
（邮政编码 100037）

“高职高专艺术设计专业规划教材·产品设计”编委会

总 主 编：魏长增

副总主编：韩凤元

编　　委：（按姓氏笔画排序）

王少青　白仁飞　田　敬　刘会瑜

张　青　赵国珍　倪培铭　曹祥哲

韩凤元　韩　波　甄丽坤

序

2013年国家启动部分高校转型为应用型大学的工作，2014年教育部在工作要点中明确要求研究制订指导意见，启动实施国家和省级试点。部分高校向应用型大学转型发展已成为当前和今后一段时期教育领域综合改革、推进教育体系现代化的重要任务。作为应用型教育最基层的众多高职、高专院校也会受此次转型的影响，将会迎来一段既充满机遇又充满挑战的全新发展时期。

面对众多研究型高校转型为应用型大学，高职、高专作为职业技术的代表院校为了能够更好地迎接挑战，必须努力提高自身的教学水平，特别要继续巩固和加强对学生操作技能的培养特色。但是，当前职业技术院校艺术设计教学中教材建设滞后、数量不足、种类不多、质量不高的问题逐渐显露出来。很多职业院校艺术类教材只是对本科教材的简化，而且均以理论为主，几乎没有相关案例教学的内容。这是一个很大的问题，与当前学科发展和宏观教育发展方向是有出入的。因此，编写一套能够符合时代发展需要，真正体现高职、高专艺术设计教学重动手能力培养、重技能训练，同时兼顾理论教学，深入浅出、方便实用的系列教材就成为了当务之急。

本套教材的编写对于加快国内职业技术院校艺术类专业教材建设、提升各院校的教学水平有着重要的意义。一套高水平的高职、高专艺术类教材编写应该有别于普通本科院校教材。编写过程中应该重点突出实践部分，要有针对性，在实践中学习理论，避免过多的理论知识讲授。本套教材邀请了众多教学水平突出、实践经验丰富、专业实力雄厚的高职、高专从事艺术设计教学的一线教师参加编写。同时，还吸纳很多企业一线工作人员参加编写，这对增加教材的实用性和实效性将大有裨益。

本套教材在编写过程中力求将最新的观念和信息与传统知识相结合，增加全新案例的分析和经典案例的点评，从新时代的角度探讨了艺术设计及相关的概念、方法与理论。考虑到教学的实际需要，本套教材在知识结构的编排上力求做到循序渐进、由浅入深，通过大量的实际案例分析，使内容更加生动、易懂，具有深入浅出的特点。希望本套教材能够为相关专业的教师和学生提供帮助，同时也为从事此专业的从业人员提供一套较好的参考资料。

目前，国内高职、高专艺术类教材建设还处于起步阶段，还有大量的问题需要深入研究和探讨。由于时间紧迫和自身水平的限制，本套教材难免存在一些问题，希望广大同行和学生能够予以指正。

总主编　魏长增

2014年8月

前言

经过三十多年的改革开放，中国已经从一个贫穷落后的国家发展成为一个经济总量居世界第二的经济大国。完成这个巨变，使得在正确的经济政策指导下的中国制造业蓬勃发展。与此同时，粗放发展所带来的对环境的破坏和对资源的浪费，促使我们向着资源节约型、环境友好型的产业形态转型。我国产品制造业从加工型转向创新型的两个重要方面是提高我们产品的科技水平和产品造型设计水平。作为高职院校产品造型设计专业的学生，毕业后会面临许多产品制造业企业的选择，在校期间学习好产品造型设计知识是完成好产品造型设计工作的前提，而"产品造型设计基础"课程则是产品造型设计专业的核心课程。

本教材拟定的教学目标有三个：

知识教育目标：了解产品造型设计基础的知识；把握产品造型设计的规律；掌握产品造型设计的美学法则。

能力培养目标：具有运用产品造型设计规律与法则的能力；具备将实用与审美等综合要素融入产品造型设计构思的能力；能够运用设计绘画表现造型创意的能力；能够采用相关成型材料和制作方法表现造型创意的能力。

素质教育目标：培养学生产品造型的创新观念；培养学生立体造型的审美修养；培养学生立体造型的方法与手段；培养学生科学严谨的职业作风。

通过这三个目标的实现，学生能够打好产品造型设计的基础，为后续的专题设计课做知识方面的积累。

目　录

第一章　产品造型设计基础概述

第一节　造型的概念

一、造型是指创造物体的形象

造型大多指三维的人工创造的形态。造型是立体的，是由正空间或正负空间构成的。造型存在于各个领域，园艺中有植物的造型；服装设计界有服装的造型；美发行业有美发的造型；首饰业有首饰的造型；陶艺界有陶艺的造型等。

在艺术设计领域，造型是艺术家使用各种创意手法，通过视觉和触觉的传播途径，再现人们生活中的事物，使人们在视觉上、触觉上乃至心理上产生相应的感受。

随着人类历史的发展，造型艺术发展成非常庞大的体系，包含有建筑、绘画、雕塑和工艺美术等。

二、造型与功能的关系

有些物体的造型不受功能的影响，比如园艺设计中树的造型就可以不受功能的影响。有些物体的造型就必然受到功能的影响，比如鞋的造型受到功能影响就非常之大，功能性越强的物体，对其外部造型约束力就越强（图 1–1）。因此，两个功能性非常强烈的物体，就会约束其各自的造型，具有非常强烈的个性。如音响设备（图 1–2）和计算机显示器（图 1–3）具有完全不同的功能，它们的造型也就非常的不同，具有完全不同的形态。这种功能性强烈的物品非常严格地决定其形态的特点构成了事物的一个方面。

但是也有通过设计改变这种普遍规律的现象，得出功能相同而形态不同的结果。这样的例证往往都是具有非常鲜明的创新特征的设计成果，比如苹果公司的电脑 iMac G4 就改变了已有功能对造型的约束，不仅成为设计的典范，也更好地以其创新的成果成为市场的追捧者（图 1–4、图 1–5）。

当然，也有那些功能性不是非常强烈的物品，比如花瓶。这类物品的装饰性比其功能性更强，因此，其造型的宽容性更大一些。它们的形状、尺寸和比例都有很大的自由度（图 1–6）。把握好功能和造型的关系，是造型设计师的首要能力，既不能过分依从功能，禁锢在功能的框架内，也不能脱离功能，美而不当。造型和功能的关系，是设计师要寻找的一种平衡关系。

图 1–1　运动鞋的造型与负载的功能有密切的联系

图 1–2　扬声器是音响设备造型的重要特征

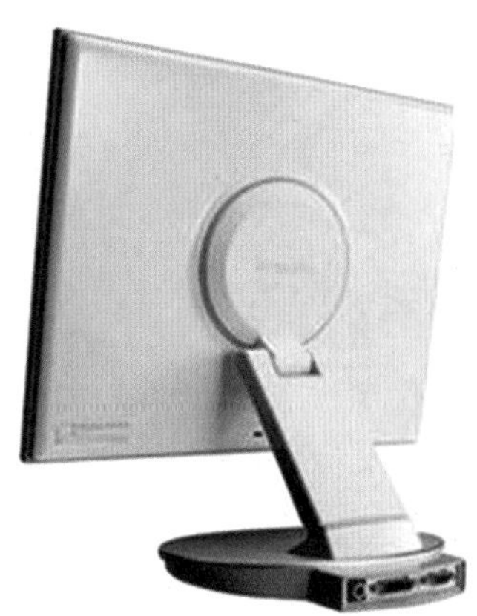

图 1-3　屏幕是显示器造型的最重要因素

图 1-4　台式电脑的常见造型

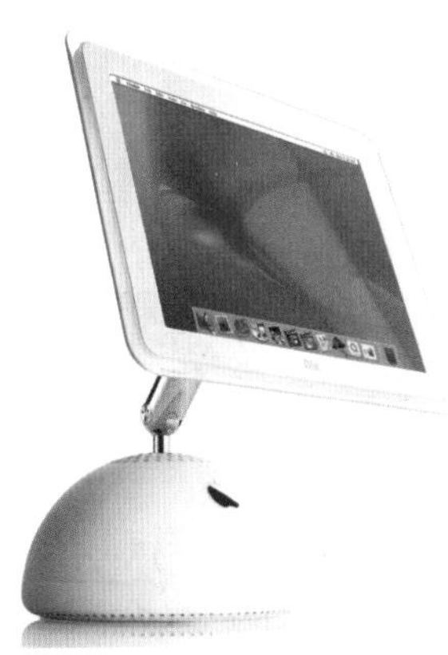

图 1-5　苹果公司的 iMac G4 打破了功能对造型的约束

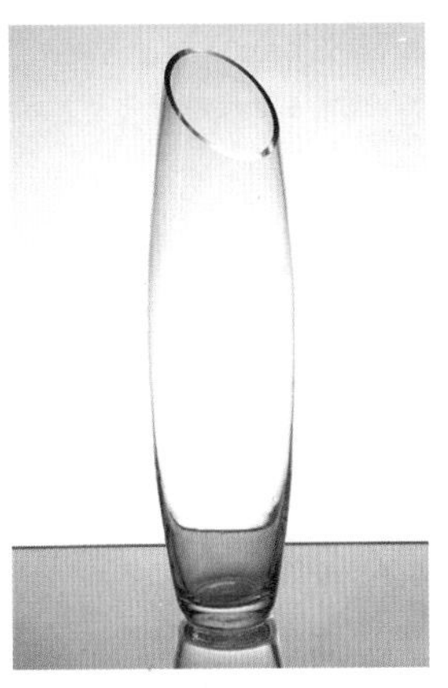

图 1-6　花瓶造型的装饰性较强，造型的自由度较大

第二节　产品造型的概念

产品造型是指人类运用工程技术和艺术设计手段塑造的产品形象。产品造型将产品的功能、结构、材料、工艺、视觉传达、市场关系和人机关系等融合到一起，构成一个社会的存在，同时又影响社会的实体形象（图 1-7）。

在产品设计领域，造型是指产品的外在形态，是包覆一个产品的表面形态，如一个电视机，它的显示屏幕和基座的外在形态构成了它的造型。造型又是产品的功能体现（图 1-8）。如电视机屏幕的造型直接体现了屏幕的显示功能，基座的造型则体现了支撑平衡的功能。

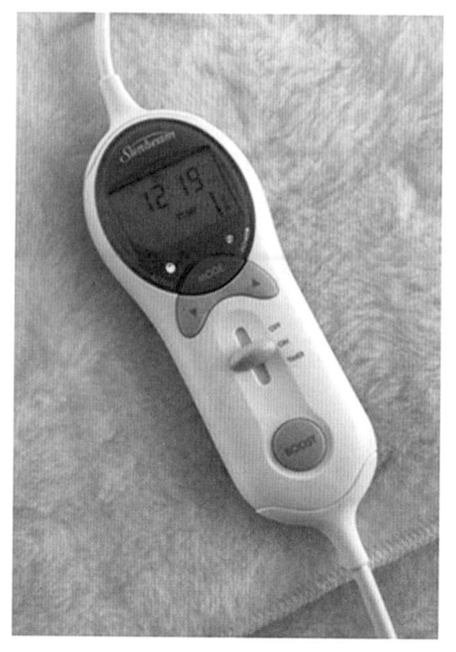

图 1-7　产品造型是功能、结构、材料、工艺、视觉传达、市场关系和人机关系的综合体

图 1-8　产品造型既是功能的体现，又是外在的形态

第三节　产品造型设计的范围

产品造型设计涉及所有产品设计范围，或者说产品设计包含产品造型设计的内容。具体到产品设计的细分领域，造型设计包括：交通工具设计（车辆，飞行器，舰船等）；设备仪器设计（工业设备，生产机器，医疗设备及仪器，工程仪器等）；生活用品设计（文具，灯具，餐具，工具等）；电子产品设计（数码类产品，音响产品，电脑等）；家电设计（微波炉，洗衣机，电冰箱，吸尘器等）；时尚商品设计（首饰，箱包等）；玩具设计等（图 1-9、图 1-10）。

图 1-9　交通工具设计

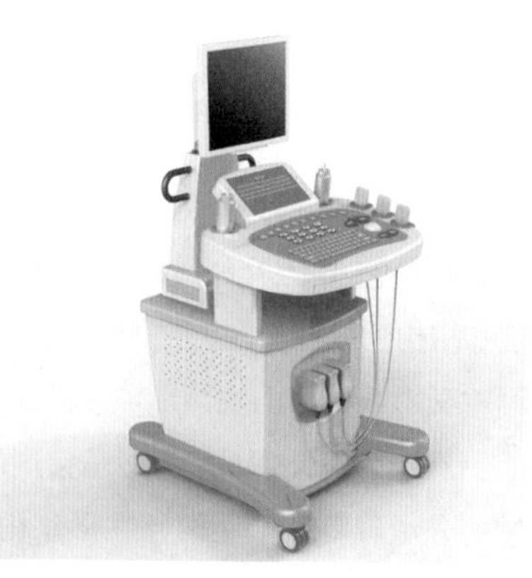
图 1-10　医疗设备设计

在产品造型设计的不同领域，有着各自不同的特点。如交通工具设计中的汽车造型设计除了具有其他产品设计共有的人机工程学、色彩、功能、结构等方面的特性外，还具有自身的特点。汽车造型设计不仅要设计汽车的外部整体造型，还要设计汽车的内部造型（不是内部结构）和内饰设计（图 1–11）。再比如时尚商品设计中的首饰设计也有自身的特点。首饰造型设计富有更多的寓意特征，设计师对材料、加工方法和价值感等关注得更多一些。因为首饰的造型关乎更多的是佩戴者的主观感受，首饰所具有的象征意义大于它的实际使用价值。与工具造型设计相比，首饰造型设计的核心不像工具类产品造型设计那样更好地体现功能，首饰造型设计的核心是体现各种层面的消费群体的审美情趣（图 1–12）。

图 1–11 汽车内饰设计

图 1–12 首饰造型设计富有更多的寓意特征

第四节 产品造型设计的流程

一、以功能为出发点

产品造型的初始行为是以研究产品的功能为起点的，任何一件产品都有其特定的功能，这些功能具有完成特定功用的使命。比如筷子，具有夹菜的功能，设计师在接受设计筷子这个设计任务的时候，如果没有指定设计师必须要设计筷子这种形式的夹菜工具，那就可以理解成他接受的是完成送饭菜入口这种功能的一件器具，可以是勺子，也可以是叉子，还可以是其他造型的工具。设计师首先要弄清送饭菜入口这个功能的实质，再研究实现这个功能的外在形式。功能的体现和外在形式的造型是相互结合，有机联系在一起的。功能一定程度上决定造型，造型则也有可能更好地实现功能（图 1–13）。如果造型不能很好地实现功能，就像苹果公司的 Hockey Puck 鼠标，成为苹果史上最失败的产品之一（图 1–14）。Hockey Puck 鼠

图 1-13 勺、叉的造型首先要达成它的功能使命

图 1-14 苹果公司生产的华而不实的 Hockey Puck 鼠标

标造型虽然独特新颖，但根本不适合人体工程学的要求，人们在使用它的时候非常不舒服，最后苹果公司不得不在 2000 年终止了这款鼠标的生产。

产品造型设计师研究功能，不仅要研究原有技术是如何实现功能的，还要跳出原有技术、原有材料和原有加工方法，探讨一种新的实现途径。好的设计每一个细节都能恰如其分地表现产品的功能，优秀的产品造型是发现并满足了前所未有的功能，创造性地设计出某种功能的形态，将创新的材料、创新的结构、创新的工艺和创新的形态巧妙地结合起来，进行自然的嫁接，从而创造出新的产品。如手机的基本功能是打电话，由于设计师探讨了触屏技术在手机上的应用，就使得手机的造型由布满物理键盘转变为虚拟键盘。在同样满足拨号功能的前提下，设计出没有物理键盘，“在一块玻璃上完成拨号操作”的新的造型形态来。因此，以功能为出发点，只是把放在我们面前的设计任务中的功能需求作为导引点，以现代科学技术各个领域的先进成果作为解题的工具，从各个方面探讨实现这个功能的可能性（图 1-15）。产品造型设计师提出的方案可能只是一种假设，甚至在技术上还没有成熟的应用实践，但这也可能正是重大创新设计的开始。

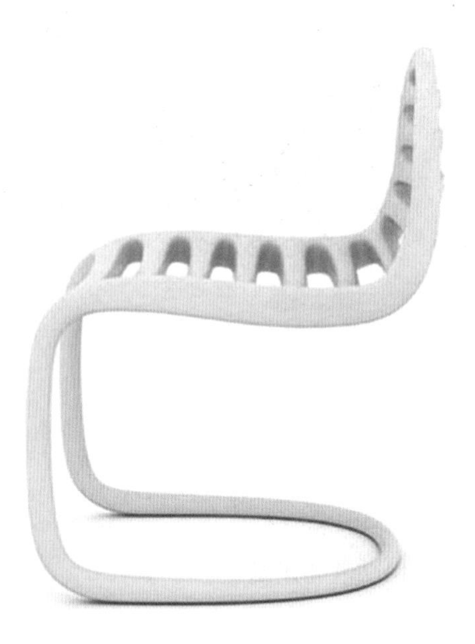

图 1-15 用现代科技的先进成果作为破解新造型的工具

二、美学的重要性

图 1-16　德国 BRITA 净水壶，造型与材料和色彩的美融为一体

产品造型设计专业是技术和艺术相结合的专业。产品造型设计师所应具有的素质，更偏重于艺术。社会职能要求产品造型设计师所应擅长的是产品的造型设计。造型设计的核心是造型，造型的核心是美的体现。一个设计师要有体现美的能力，就要受到美的训练，懂得美的法则，知晓实现美的途径。

一个产品的美丑，不完全在于它的功能多强大，也不完全在于它的科技水平多高。一个产品的美，还有重要的人文因素在里面。这种人文因素包含各个民族的种族文化和历史传统。因此，同样都是科学技术先进的美国、德国、法国和日本的产品，它们的造型具有非常不同的文化特征。这些特征不是体现在某一件产品的造型上，而是体现在各类产品的造型上。这就好比具有同样一种功能的技术，不同的国家的人民有不同的解法。实现相同功能的一件产品的造型，不同国家的设计师也可以有各种不同的解法，这也就给现代社会带来了物质极大丰富的可能。商品社会的残酷竞争，更为当今人类所需要的产品提供了色彩缤纷、美轮美奂的选择（图 1-16~ 图 1-18）。随着科技进步，新的技术不断产生，新的功能不断涌现，给人类带来各种新的体验、新的便利和新的娱乐。例如 iTunes、iPad、iPhone 等设计不仅创造了新的产品，更值得关注的是新的文化观念的诞生，它们创造的是人类新的文明。

图 1-17　意大利的咖啡机

图 1-18　韩国 Hurom 牌榨汁机

三、设计流程

产品造型设计的一般流程大致分为创意草图、二维效果图和三维效果图三个阶段。

创意草图阶段是设计师通过草图和文字的形式将设计构思快速记录下来。创意草图记录的是设计师思考的方向，把设计师头脑中闪现的创意灵感以图文的形式体现出来。这个阶段不要求绘制细节，也不要求绘制的水平多高，更重要的是把创新的核心内容表现出来（图 1–19）。

二维效果图阶段是补充和完善创意草图阶段模糊的形态，不够完善的造型和不成熟的造型结构（图 1–20）。

三维效果图阶段是充分研究造型的各个方面,从多个视角体现设计成果的阶段（图 1–21）。

图 1–19　产品设计创意草图

图 1–20　产品设计二维效果图

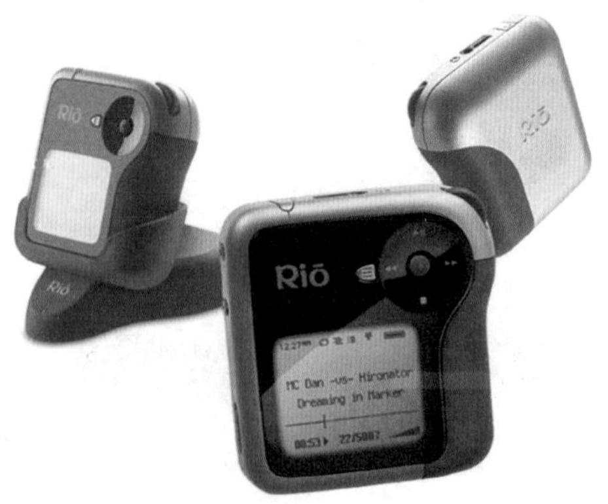

图 1–21　产品设计三维效果图

第五节　本章小结

一、本章学习任务

1. 让学生在A4复印纸上用铅笔、钢笔、马克笔、彩铅笔或签字笔分类收集绘制服装设计界的服装造型、美发行业的美发造型、首饰业的首饰造型和陶艺界陶艺的造型等，共4页。

2. 让学生在1张A4复印纸上用铅笔、钢笔或签字笔等手绘工具收集绘制功能性强的产品造型，附文字说明功能对外部造型的约束关系。

3. 让学生在1张A4复印纸上用铅笔、钢笔、马克笔、彩铅笔或签字笔等手绘工具收集绘制装饰性较强的产品造型，附文字说明装饰性较强的产品造型，其造型的宽容性更大一些。让学生分析这些产品造型的哪些部位是可以变化更多的，并阐述原因。

图1-22　收集绘制的时装设计资料

图1-23　收集绘制的中国古代陶瓷资料

图 1-24 收集绘制的美发造型

图 1-25 收集绘制的项链造型

二、本章任务目标

1. 使学生理解产品造型设计中的造型和其他行业的造型艺术之间的异同。

2. 使学生了解功能决定造型的重要意义。

3. 分清装饰性强的产品造型设计与功能性强的产品造型设计之间的差别。

4. 给学生树立创新意识，鼓励学生用创新的方法打破原有功能对造型所造成的约束，努力创造新的技术和方法，实现对原有造型的突破。

三、本章任务要求

1. 要求学生运用前序课程里学到的设计素描、设计速写和设计表现的知识，在收集绘制本节学习任务时，画面构图要求合理美观，画面线条准确清晰、明暗和色彩简洁明快。

2. 说明文字大小适中、书写工整，文字内容通顺流畅，文字表达逻辑清楚、重点明确，为后续的专题设计课程书写设计说明奠定基础。

3. 所选案例要符合本节的课题要求。

4. 学生们所需要的课题资料可从手机或电脑上下载收集，也可以从书刊杂志上采集绘制。这样训练的目的是让学生在学习产品造型设计知识的同时，通过自己收集、绘制和分析现有产品造型设计，吸取优秀设计的优点、借鉴失败设计的教训，积累造型设计的经验，为以后自己独立的设计打好基础。

四、本章基础知识的介绍

产品造型的概念；功能和造型的关系；创新对功能决定造型的影响。

五、本章作业指导

作业 1：服装造型是科学与技术的结合，涉及美学、文化学、心理学、材料学、工程学、市场学等。服装造型的时尚性非常强，随着时代潮流，每年都有流行趋势的变化。服装设计有 5 个原则：（1）统一原则：服装各部分的质料、色彩和线条等具有一致性，常用的手法是重复，通过重复达到统一；（2）加重原则：突出某一部分，造成趣味中心；（3）平衡原则：多采用非对称平衡，既不上重下轻，也不下重上轻，左右平衡，优雅柔顺；（4）比例原则：服装整体和衣领、口袋、附件、配饰等的比例要适当；（5）韵律原则：服装设计的效果要产生优美的律动感，如色彩由浅而深，形状由大渐小，线条由宽变窄等都可以产生韵律感。

作业 2：陶瓷艺术设计是工业设计的一个分支，分为日用陶瓷、卫生洁具、建筑陶瓷和艺术瓷等。中国的陶瓷艺术历史悠久、工艺成熟，在世界陶瓷历史上创造辉煌。中国的陶瓷艺术家强调“意境”，寓情于景、物我合一、形神兼备。在造型手法上，蕴含了具象、抽象、象征和隐喻等艺术形式，用陶土、釉料、绘画和烧制的各个环节成就了各种风格的艺术流派，造就了青瓷、骨瓷、青花瓷、釉下彩瓷、汝瓷、钧瓷等。

作业 3：美发对于现代人类生活是很重要的内容，头发甚至是女人的饰物，秀美的头发也是健康的标志。美发的造型随时代变化，深受各个历史时期流行文化的影响，各民族、各地域的人民也会因生活习惯、传统文化的影响有自己独特的发型。了解美发造型对于了解流行文化和社会时尚的发展趋势有很密切的关系。

作业 4：首饰的存在是人类装饰与美化自己的见证。考古发现，从旧石器时代起人类就已经有项饰、腰饰、臂饰、腕饰和头饰品了。大量的生物学材料证实动物的漂亮装饰在性选择过程中具有很大的优势，人类用首饰装饰自己也是动物自然装饰的延伸。当然，首饰的起源和发展也存在宗教和社会的动因，宗教的动因是人类在巫术活动中对自然界中一些材料如植物的果实、动物的牙齿或稀有的石料视为崇拜的对象，赋予它们神秘的力量；社会动因是植物的果实挂在母性身上可以祈求繁衍子女；动物的牙齿、骨骼等戴在身上可以求得狩猎的成功和自身的平安。而贵重首饰从古至今一直是财富的象征。

六、本章任务实施

1. 本章课时安排为 8 课时，教师可组织学生在课上完成部分作业，其余布置在课余完成。

2. 作业 4 张，A4 复印纸，绘画工具以能表现明暗、轮廓和色彩为好，建议使用宜于快速表现的彩铅笔、签字笔、铅笔、马克笔等。

3. 教师可展示一些课题的范图供学生临摹参考。

4. 课题作业要定时、定量，要求明确。

七、本章任务小结

1. 在讲解下一个小节前，教师要收取本节的作业，并进行讲评。

2. 对存在的问题，教师要及时指出，并说明改正的方法。对优秀的学生作业，教师要给予肯定，指出具体的优点。

3. 对没有完成规定作业的学生，教师要在班里指出并做书面记录，也是将来给学生本单元课程的成绩打分的依据。

4. 本节课的作业数量是 A4 纸 8 张，分值是 10%。完成 8 张作业、符合要求的是 10 分；没完成作业的，按没完成作业的数量递减。

[思考与练习题]

1. 简述造型与功能的关系。
2. 简述产品造型设计的设计流程。
3. 技术含量高的产品是否就是好的产品？

第二章　产品造型设计基础课重点解决的问题

第一节 造型与功能

每个产品的造型都具有功能，因此，学习产品造型设计很重要的一个方面是了解造型和功能的关系。

造型和功能是有机的结合体。产品的使用功能决定产品造型的基本构成。有的造型的体面就是操作面，如钳子的各部位造型和操作功能是合二为一的（图 2–1）；有的造型只起着一种包覆作用，如打印机的外壳没有打印的操作功能，机器的运行都在机壳内，操作打印只靠按键完成（图 2–2）。这类产品给造型设计提供了更大的空间，但设计师也不应该为了造型而增加多余的体面。优秀的造型设计应该没有多余的成分。好的造型应该是低碳造型，是节省材料、简化工艺、性能优异、造价合理的产品；好的造型应该是优异的性能和美观的外形相结合的产物。

图 2–1 钳子的各部位造型和操作功能紧密结合

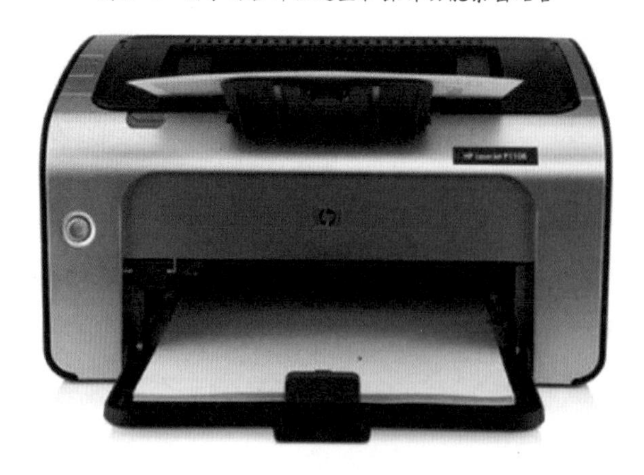

图 2–2 打印机操作靠按键来完成

第二节　造型的形式美

图 2-3　产品造型设计依据的是造型艺术普遍的美学法则

产品造型设计的美学法则依照的是造型艺术普遍的美学法则，即对称、均衡、比例、和谐和统一等。这些形式美的法则体现在与功能、材料、加工工艺等产品的实用性有机的融合上。造型的形式美是在产品好用、易用、耐用的前提下自然流露出来的，设计师不能脱离产品的根本用途而追求纯粹的形式美（图 2-3）。好的造型是在合适的时候，以一个完美的外形，恰到好处地满足了人们的某种使用功能。产品不能满足人们需要的使用功能，再好的形式美也是没有生命力的。如苹果公司 1993 年推出的 Macintosh TV，该设备为全黑外观，采用 14 英寸索尼特丽珑显示屏，配合苹果的 Performa 520 平台，其造型虽然很美，但因其无法在桌面窗口中播放电视频道，于次年便宣告失败，该设备的总产量仅有 1 万台（图 2-4）。苹果另一个失败产品是 Newton，苹果原计划通过该设备实现个人计算革命，最后 1993 年正式发布了 Newton 以后，市场发现这不过是一个小型的、没有太大变化的 PDA。Newton 的销售持续了 6 年，但销量一直不好。乔布斯 1997 年重新担任苹果的 CEO 以后，立即削减了 Newton 的研发小组。1998 年 2 月，Newton 正式宣告失败（图 2-5）。

图 2-4　苹果公司产品之一 Macintosh TV

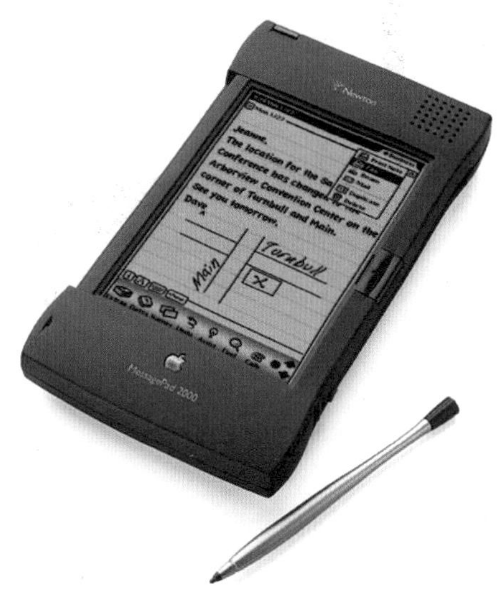

图 2-5　苹果公司产品 Newton

第三节　造型的语意

造型的语意是指通过产品的视觉识别性，传递对产品物态的心理和精神方面的潜在的语意，使人造形态被使用者在使用过程中很好地理解它的象征特性。产品造型的语意表达有两个层面的含义，一个是传达产品固有的功能语意，主要分析和探讨的是产品用途和操作意义上的语意，使产品的造型传达产品本身和使用者的功能性联系；另一个层面的含义是产品造型所具有的情感隐喻因素，设计师努力使造型拥有情感，更加关注产品与使用者之间的情感性联系。

传达功能的语意学应用到造型设计的目的是通过使用者对形态的认知，了解形态的意义，并正确有效地使用产品。通过造型传达推、拉，握、捏，按、拨，提、压，旋、转等语意，可以对产品的相应功能用造型的语言来解说，并以造型本身的特征指导使用者进行正确的操作和正确使用，避免误操作（图 2-6）。

图 2-6　产品造型的视觉识别性能传递功能和情感的语意

传达情感的语意学应用是用某一造型编码（code）来隐喻表达某种感受，如德国安住牌水龙头的出水口，没有提、拉、握、旋等功能语意，它表达的是出水很通畅的情感语意（图 2-7）。再如美国设计师格雷夫斯设计的自鸣式不锈钢开水壶（图 2-8），在壶嘴上设计了一个欢叫雀

图 2-7　德国安住（ENZO RODI）水龙头的语意表达

图 2-8　格雷夫斯设计的自鸣式不锈钢开水壶，小鸟隐喻着鸣叫，增强与人的情感联系

跃的小鸟，使人联想到"壶哨可以像鸟一样鸣叫"。"小鸟的形态又会产生引申意义，带给人欢快、活跃以及可爱的额外感受"[①]。

第四节　造型与人机工学

人机工学为产品造型设计提供参考尺寸，为产品人机界面的操控布置提供理论指导。

产品可能是一个机器，被人操作，这种产品的造型和人存在一种空间关系，使得人在操作这个机器的时候有合理的空间布局；产品可能是由人把握控制的一个工具，这类产品的造型和人的身体存在一种互为负形的关系，使得产品造型与人接触的表面更适合人体的形状；产品可能是电子产品，这类产品的造型要便于人的听觉、视觉和触觉获得有效的信息反馈，反馈机器是否工作正常。所有产品的造型都存在安全性和可维修性的问题（图 2-9）。人机工学还可以限制人的行为，如图 2-10 设计的是一个公共投币电话，为了防止人们在电话机的某个平面放置物品或在电话机上挂重物，电话机的造型没有一处平面或挂钩，圆圆的造型也防止了人们的磕碰误伤，这个投币电话机的设计就限制了人的行为。

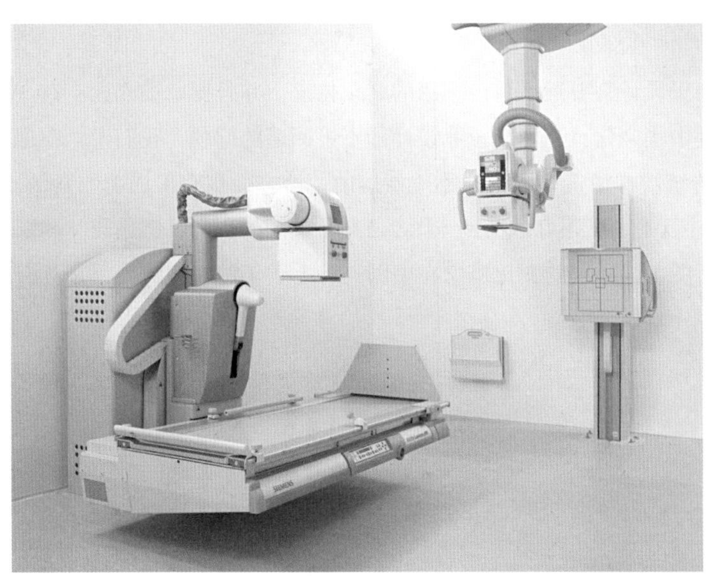

图 2-9　人机工学为产品造型的科学性提供重要的参数依据

图 2-10　这个投币电话机的造型没有一处可以作为平台来依托

第五节　造型与文化

产品造型是人类文化的载体，是"物化"的表达方式，体现着人们对生活的不同方式和态度。产品造型受民族文化、地域文化和传统文化的影响，构成丰富多彩的造型世界。造型与各个历史时期的文化思潮也有密切的关系，如超现实主义、解构主义等（图 2-11）。

---

① 陈浩，高筠，肖金花．语意的传达——产品设计符号理论与方法（2）．北京：中国建筑工业出版社，2009.

图 2-11 解构主义风格的灯具

产品造型设计更受艺术设计领域的各种流派的影响，并在人类文明史上与文学、绘画、建筑等一起给人类创造了各个设计流派的文化宝藏。如起源于 1919 年的以包豪斯为代表的功能主义设计；从 1930 年至今的有机设计和 1936 年至今的斯堪的纳维亚现代派都有经典的产品设计作品存世，构成现代文明的一部分（图 2-12）。

中国的文化源远流长，中国设计师要继承自己国家的文化传统，并且要发扬光大。在产品造型设计上如何继承和发展中华文化，是当代工业设计师不可回避的问题。我们说，在现代产品造型设计上体现中国传统纹样或造型元素是不应指摘的，这方面也有很成功的案例，如 2008 年北京奥运火炬的设计就是一个很好的案例（图 2-13）。火炬的创意灵感来自“渊源共生，和谐共融”的“祥云”图案。祥云的文化概念在中国具有上千年的时间跨度，是具有

图 2-12 斯堪的纳维亚现代派设计的汤锅

图 2-13 2008 年北京奥运会火炬设计

代表性的中国文化符号。火炬造型的设计灵感来自中国传统的纸卷轴。“纸是中国四大发明之一，更是传递人类文明的使者。纸卷造型的奥运火炬，既是中国的，也是世界的，不仅能很好地表达向世界传递华夏文明的美好愿望，也与追求和平、友谊、进步的奥林匹克精神完美吻合。”设计师仇佳钰这样阐述自己的设计思想。

在国外，也有继承和发展中国传统文化的典范，如丹麦设计师瓦格纳（Hans J. Wegner）设计的一系列带有中国元素的椅子（图 2-14~ 图 2-18）。瓦格纳潜心研究中国的传统家具，以明式家具为蓝本，历时40多年设计了多个造型优美的椅子。瓦格纳从中国明式圈椅中获得灵感，最早于 1949 年设计生产了 CH24 Y-Chair 椅，“它在形态上与明式圈椅非常接近，除了取消四条腿之间的‘步步高赶杖’之外，椅子的构件与明式圈椅基本相同，甚至保留了形态完整的月牙扶手（椅圈）及部分券口牙子，看上去是明式圈椅的现代简化版[①]。”

图 2-14　丹麦设计师瓦格纳 1949 年设计的 CH24 Y-Chair 椅子

① 巫濛 . 设计的原点——中国方式与生活特色 . 北京：北京大学出版社，2012，1.

图 2-15 丹麦设计师瓦格纳 1954 年设计的椅子

图 2-16 丹麦设计师瓦格纳 1960 年设计的椅子

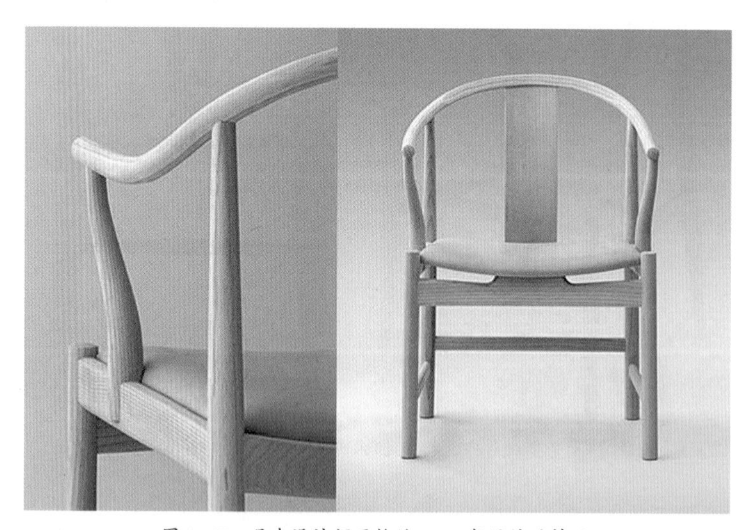

图 2-17 丹麦设计师瓦格纳 1989 年设计的椅子

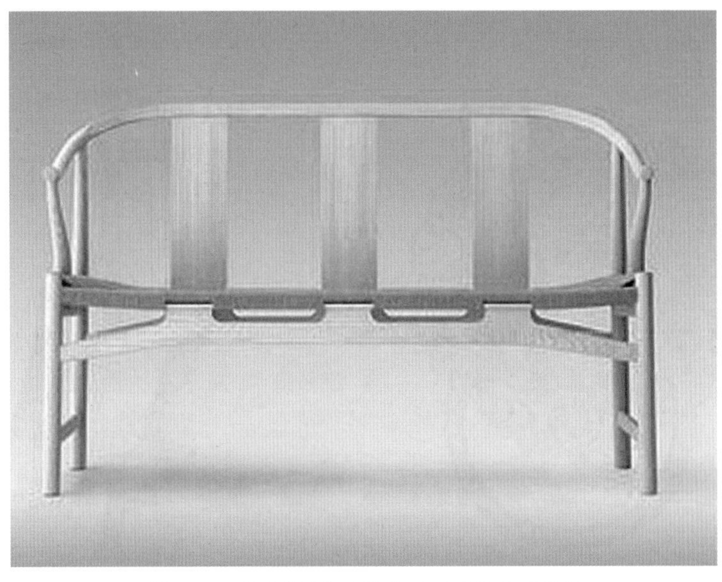

图 2-18　丹麦设计师瓦格纳 1991 年设计的椅子

第六节　本章小结

一、本章学习任务

1. 让学生在 A4 复印纸上用铅笔、钢笔、马克笔、彩铅笔或签字笔收集绘制能表达推、拉，握、按、拨，旋等语意的造型，共 2 页绘制 6 个，并让学生在这些图纸上用文字说明各个造型的语意表达是通过什么方法完成的（图 2-19~ 图 2-21）。

图 2-19　收集绘制推的语意表达案例

图 2-20 收集绘制拉的语意表达案例

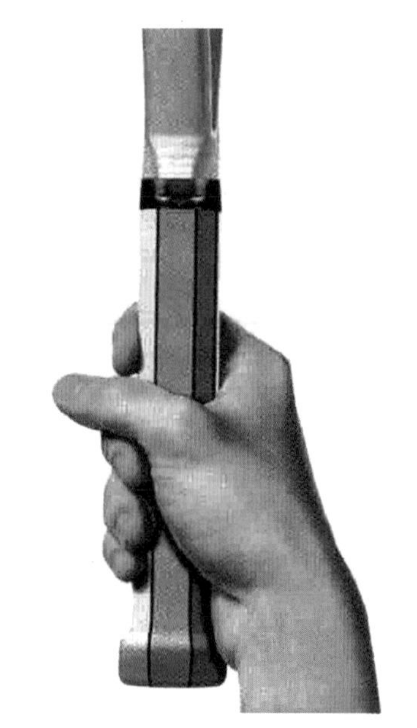

图 2-21 收集绘制握的语意表达案例

2. 让学生自己在推、拉、握、按、拨、旋等 6 种语意中选取 3 种，作为设计课题，在 1 张 A4 复印纸上用铅笔、钢笔、马克笔、彩铅笔或签字笔等手绘设计一组造型。在造型设计旁边用文字注明各种语意的名称。

3. 将自己设计的一组 3 种语意表达课题，用石膏做出立体模型。模型的三维尺寸中最大的尺寸不大于 100 毫米，但整体尺寸也不能太小。

二、本章任务目标

1. 组织学生收集绘制已有产品造型设计对语意表达的案例。

2. 训练学生自己设计造型、表达语意的能力。

3. 训练学生用石膏进行三维表达的能力。

三、本章任务要求

1. 通过收集案例，要求学生理解语意表达的意义，吸取前人语意表达的设计经验，学习同一种语意不同的表达方式。

2. 把语意表达的方法，运用到课题设计里来。

3. 语意表达要准确。

4. 设计图可以从多个角度绘制。

5. 石膏模型的制作要精细。

四、本章基础知识的介绍

造型与功能；造型与形式美的关系；造型的语意；造型与人机工学。

五、本章作业指导

作业 1："按"的语意表达包含着两个方面的含义，首先，既然是"按"，就用到手，比较常用的方法是设计一个手指尖的负形，如图 2-22。其次要明确"按"的范围，这个范围可圆可方，也可以是另外一个比较规则的几何形，甚至可以是一个不太规则的自由形态。"按"也可以由一个小凸台来实现，按键高出周围平面一点以显示突出、引起注意。如有多个按键并列，一定要用符号或文字示意功能的区别。按键的形状相同制造成本低，造型上也相对统一，但也容易造成疑惑甚至误操作，设计者一定要协调好这个关系。在实际产品造型设计时，人在操作按键时所产生的反馈也是设计师需要考虑的。按键的动作要有明显的体验，动作产生的回馈要通过声音、行程或颜色的变化来实现，触摸屏的按键这种变化还可以有更多的形式。

作业 2："拔"的语意表达有多个要注意的要点，首先"拔"的动作必然是用两个以上的手指来完成的，最好能有容纳这些手指的空间。其次，"拔"的动作要用一定的力量，因此，造型要能让手指抓得住，要足够的大，并还能使得上劲，足以能完成"拔"出的动作。再有就是造型在体量上要保证足够的强度，不至于在用力过猛或用过一段时间后断裂。最后，在形态上要很好地提示使用者这个造型是被用来"拔"的（图 2-23）。

图 2-22　"按"的语意表达案例

图 2-23　"拔"的语意表达案例

作业 3：“旋”的动作也是由两个以上的手指来完成的，因此，“旋”的形态就应被这些手指抓住，并能用力来使得动作完成。要想用得上力，就需要在形态与手指接触的表面增加摩擦力，即表面设计凸棱或粗糙面。“旋”的形态也要足够高，让手指捏得住、使得上劲。另外，旋的方向和度数也要有明确的显示，避免误操作，这个显示可以靠造型本身来完成，也可以靠文字或图形来表示。文字在可能的情况下要尽可能的大，避免误读，图形要用标准化的图形。如果能用造型来实现，操作者根本就不会进行误操作是最好的设计（图 2–24）。

图 2–24 “旋”的语意表达案例

六、本章任务实施

1. 本章课时为 8 课时，教师可组织学生在课上完成部分作业，其余布置在课余完成。

2. 作业的幅面和纸张是：A4 复印纸，绘画工具以能表现明暗、轮廓和色彩为好，建议使用宜于快速表现的彩铅笔、签字笔、铅笔马克笔等。

3. 教师可展示一些课题的范图和石膏模型供学生临摹参考（图 2–25~ 图 2–27）。

4. 课题作业要定时、定量，要求明确。

图 2–25 石膏模型表达“按”的语意（学生作业）

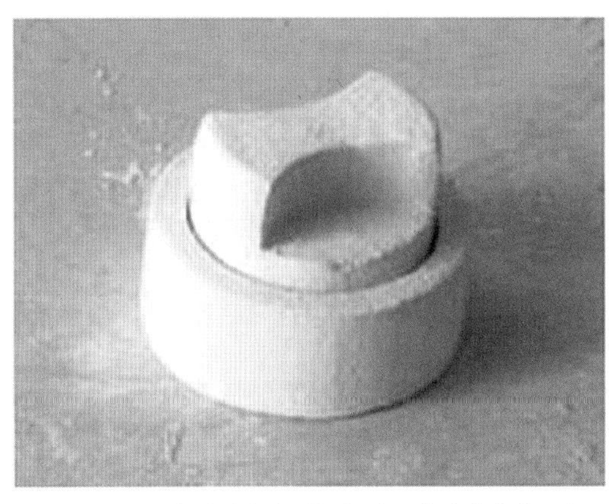

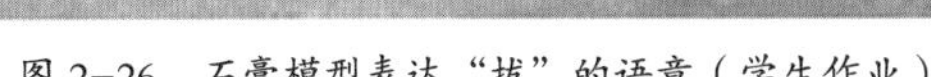

图 2-26　石膏模型表达“拔”的语意（学生作业）

图 2-27　石膏模型表达“旋”的语意（学生作业）

七、本章任务小结

1. 在讲解下一个小节前，教师要收取本节的作业，并进行讲评。

2. 对存在的问题，教师要及时指出，并说明纠正的方法。对优秀的学生作业，教师要给予肯定，指出具体的优点。

3. 对没有完成规定作业的学生，教师要在班里指出并做书面记录，也是将来给学生本单元课的成绩打分的依据。

4. 本节课的作业数量是 A4 纸 3 张，石膏模型 4 个。分值是 10%。完成 3 张作业和石膏模型并符合要求的是 10 分；没完成作业的，按没完成作业的数量递减。

[思考与练习题]

1. 产品造型设计重点要解决哪些问题?

2. 解释传达功能的语意和传达情感的语意有什么区别?

第三章　产品造型设计的基本元素

第一节 几何形态

产品造型设计中的几何形态是指简单的立体几何形态，或可称为简单的代数曲面造型。这种形态可用画法几何与机械制图完全清楚地表达出来。此种造型可以分为四类：第一类：柱体，包括：圆柱（图 3–1）和棱柱（图 3–2），棱柱可是 N 棱柱，包括四棱柱的立方体。第二类：锥体，包括：圆锥和棱锥，棱锥（图 3–3）可是 N 棱锥。第三类：旋转体（图 3–4），包括：球体，圆环等。第四类：截面体，包括：斜截圆柱、斜截棱柱（图 3–5）、球冠、球缺等。几何形态的共同特点是可以通过数学计算公式计算它们的表面积和体积。

图 3–1 以柱体为主要形态语言的咖啡壶

图 3–2 以棱柱为主要形态语言的花洒

图 3–3 以棱锥为主要形态语言的吊灯

图 3-4　以旋转体为主要形态语言的吊灯

图 3-5　以截面棱柱为部分造型语言的水龙头

产品造型设计中运用几何形态可以获得简洁明快的效果。几何形态的数理逻辑性产生一种抽象理性的美，也非常利于机器的加工，因此，自包豪斯以来一直作为产品造型设计的法宝，并且在世界各国产生了大量的以几何形态为主要造型语言的经典设计作品。如包豪斯学派的设计大师马歇尔·拉尤斯·布劳耶（Marcel Lajos Breuer，1902–1981）1925 年设计的世界上第一把钢管皮椅“瓦西里椅”（图 3–6）就运用的是典型的几何形态。那个时代的布劳耶认为“金属家具是现代居室的一部分，它是无风格的，因为它除了用途和必要的结构外，并不期望表达任何特定的风格。所有类型的家具都是由同样的标准化的基本部分构成，这些部分随时都可以分开或转换。”随着历史长河的流淌，现在我们知道，设计史家将布劳耶所称的“无风格”归入现代主义的设计风格。布劳耶的这些发表于 1928 年的设计思想，虽然并不能预见未来，但以其几何化、易于工业化大批量生产的设计实践，为家具生产的标准化和工业化树立了榜样。

几何体形态的著名设计作品还有：柯布西耶设计的躺椅（图 3–7），密斯·凡·德·罗设计的著名的“巴塞罗那椅”（图 3–8）等。这些设计师不仅设计了大量的经典作品，还都为设

图 3–6　布劳耶设计的瓦西里椅

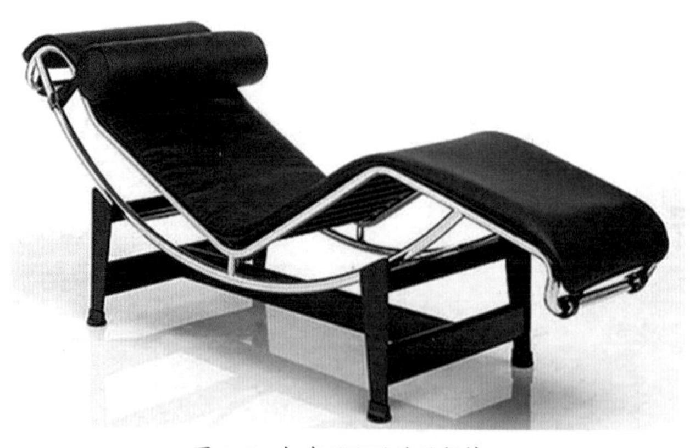

图 3–7　柯布西耶设计的躺椅

图 3-8　举世闻名的巴塞罗那椅，密斯·凡·德·罗的杰作

计史留下了各自的设计理论。如密斯·凡·德·罗就提出过著名的“少即是多（Less is more）”的理论，他主张：“少即是多，但又绝对不是简单得像白纸一样，让你觉得空洞无物，根本就没有设计。”他的设计作品中的各个细部精简到不可精简的绝对境界，不少作品结构几乎完全暴露，但它们高贵、雅致，完美到无可挑剔（图 3-8，密斯·凡·德·罗设计的巴塞罗那椅）。实践证明，几何形态不仅符合现代主义设计思想所追求的目标，其简洁的造型语言也一直为现代社会所推崇。

现代主义至简至真的设计理念至今仍被设计师和大众所推崇，比如苹果公司已故的 CEO 乔布斯就近乎苛刻的要求苹果公司的设计师在设计手机时不得在手机上看见一个螺钉，在大家的不懈努力下，苹果手机的表面不但看不到一个螺钉，还实现了乔布斯理想的“所有的操作都在一块玻璃上进行”（触屏）的梦想，把不可能变为可能，引领了一代设计潮流。

设计得当，几何形态简洁干净的造型语言将永远会受到一部分大众的喜爱。

第二节　自由曲面形态

产品造型设计中还会遇到一些复杂的曲面造型，我们把这类曲面称为自由曲面。自由曲面形态自由变化，表面起伏多样而无规律。自由曲面形态的特点是多向的不同程度的起伏，造成一定的动感和韵律，有丰富的视觉效果（图 3-9）。随着 CNC 软件和硬件技术的提高，制造业对制造这种不规则、很难识别、连续光滑的曲面有了极大的可能。这种加工能力也为产品造型设计师提供了更大的设计自由度。

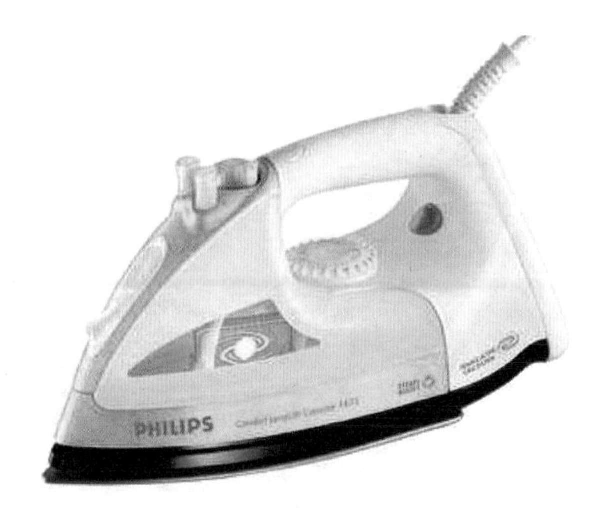

图 3-9 自由曲面形态特点是多向不同程度的起伏

图 3-10 自由曲面形态无法用画法几何和机械制图来表达

自由曲面形态不是由初等解析曲面组成，而是由复杂的自由变换的曲面组成。这类自由曲面的形态是无法用画法几何和机械制图来表达的，如很多飞机、汽车（图 3-10）、轮船、家用电器等。自由曲面形态大多具备两个关键点：一是曲面的光顺性，二是曲面的连续性。光顺性指单个曲面具备三个条件：1. 具有二阶几何连续性（G2）；2. 不存在多余的拐点和奇异点；3. 曲率变化较小。连续性指在多个曲面相遇时，根据需要使曲面之间光滑连接（图 3-11）。简单的几何形态或代数曲面在产品造型设计中远远不能满足复杂曲面造型的要求（图 3-12）。

有很多仿生形态都是由自由曲面构成的。第二次世界大战后出现了很多优秀的设计，其中很大一部分是自由曲面的产品造型。20 世纪 50 年代材料技术快速更新，人类使用的设计材料由工业化时期的金属及合金材料发展到金属、半导体和合成树脂等多元材料共存的时期。加工技术的提高也为家具、电器、汽车外壳、飞机机身等的设计提供了更大的自由度和可能

图 3-11 CNC 技术的提高为自由曲面设计提供了自由度

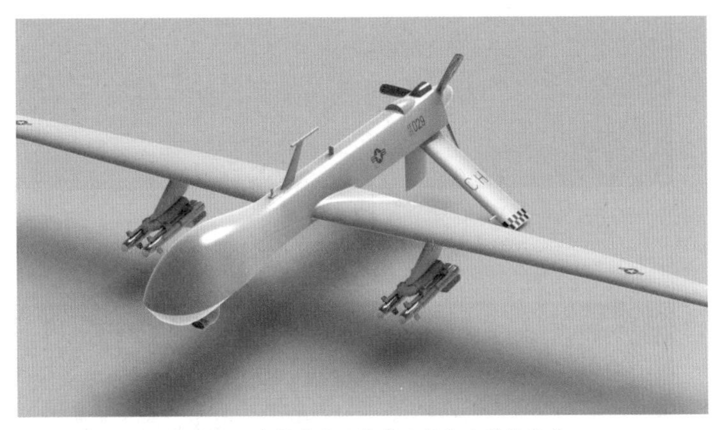

图 3-12 代数曲面不能满足复杂造型的要求

性。产品造型不再是单纯的几何形态，而呈现出兴趣盎然的多曲面有机形态。在此期间在美国出现的优秀作品有伊姆斯（Charles Eames）夫妇设计的伊姆斯休闲椅（Eames Lounge Chair）。伊姆斯休闲椅诞生于 1956 年，灵感来自法国的埃菲尔铁塔，舒适的椅座外壳设计是添加了玻璃钢强化的塑料制作的，椅腿是用钢筋和枫木原材制作的，清丽典雅，也与自然更加亲近。这款经典的椅子已经成为美国纽约现代艺术博物馆的永久藏品，至今仍备受世人宠爱（图 3-13）。

在欧洲，用自由曲面设计的著名产品造型也有很多，如德国的设计大师路奇·克拉尼（Luigi Colani），一生设计了很多自由曲面和仿生形态的产品造型。他参与设计的日本佳能 T-90 照相机，外观和人机界面获得了很大的成功，并深刻影响了以后佳能 EOS 系列相机的设计。当初开发 T-90 照相机的时候，已经由佳能公司内部的设计师在 T-80 的基础上设计出来了。但是人们发现 T-90 完全是一个技术型的东西，对用户来说并不友好，这时有人建议邀请设计大师克拉尼加入设计小组。克拉尼以其设计观点"宇宙无直线"而闻名，他相信曲线的魅力，并把曲线广泛运用到他所设计的圆珠笔、茶具、汽车和飞行器中。克拉尼花了一年半的时间完成了这项设计（图 3-14），克拉尼的设计方案强烈吸引了佳能的设计师，但由于克拉尼没有

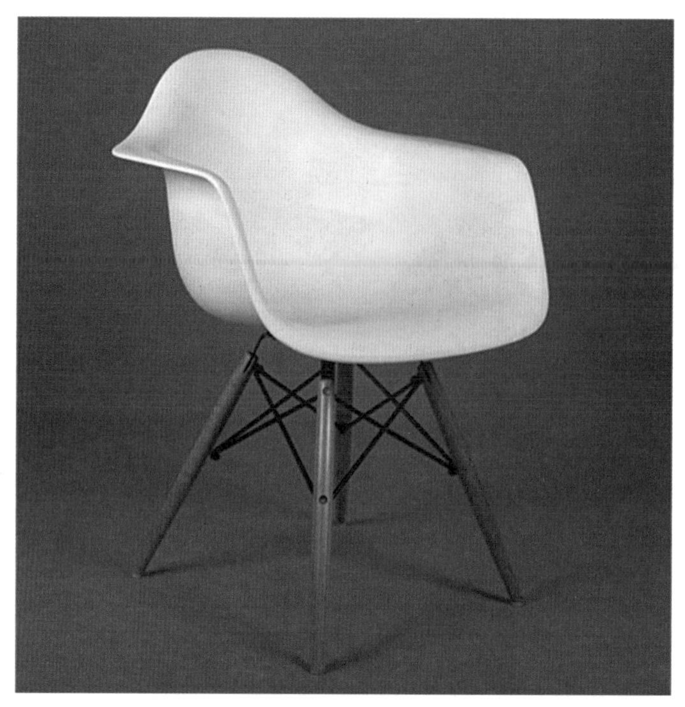

图 3-13 伊姆斯夫妇设计的伊姆斯休闲椅

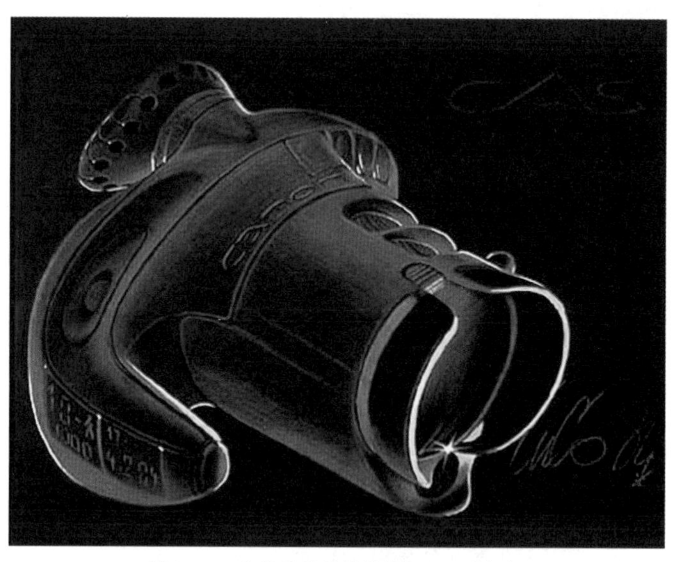

图 3-14 克拉尼设计的佳能 T-90 照相机

产品化相机的设计经验，所以佳能公司决定佳能公司和克拉尼组成项目组共同开发 T-90。在融合了佳能公司设计师的设计经验和克拉尼的设计哲学以后，最后诞生了著名的 T-90 相机（图 3-15、图 3-16）。最后成型的 T-90 融合了两个设计的特点，既保留了克拉尼曲面外形的特点，也包含了佳能手柄和相机主体的基本设计。第一台批量生产的 T-90 由佳能公司送给了克拉尼，并标上了“L.COLANI”的字样。

图 3-15　佳能 T-90 照相机油泥模型

图 3-16　佳能 T-90 照相机量产机型

第三节　造型设计中的点和线

一、点

在产品造型设计中，三个以上的面汇聚能产生点，圆锥、棱锥的顶端也是点。在产品造型设计中，点不是数学意义上的只有位置，没有大小的特征，点的形态可以是一个小的圆球，也可以是一个小的立方体（图 3-17）。总之，在产品造型中，相对于较大体量的形态，相对体量最小的任何形态都可以界定为点（图 3-18）。

图 3–17　相对于屏幕来说，键盘就是造型意义上的“点”

图 3–18　相对于壶体来说，摘子就是造型意义上的“点”

二、线

在产品造型设计中，线产生于三个方面，（1）形态的外轮廓（图 3–19）；（2）面与面的相交线（图 3–20）；（3）面上的分割线（图 3–21）。线是产品造型的有力手段。

图 3–19　形态的轮廓线是产品造型中“线”的一种

图 3–20　面与面的相交线是产品造型中“线”的一种

图 3-21　面上的分割线是产品造型中“线”的一种

三、面

面在产品造型中有平面和曲面之分。平面构成刚直之美，曲面产生柔和之美。产品造型设计中会有很多面，有虚实、大小、位置和肌理等。面与面之间也会有分离、相遇和减缺等关系。面是产品造型设计的主要的表现手段（图 3-22）。

图 3-22　面在产品造型设计中是最复杂的部分

四、体

体在产品造型设计中可以由面组成，也可以由线组成，还可以由点组成。点、线、面的围合形成体，体产生量感，体是产品造型设计主要研究的对象（图 3-23）。

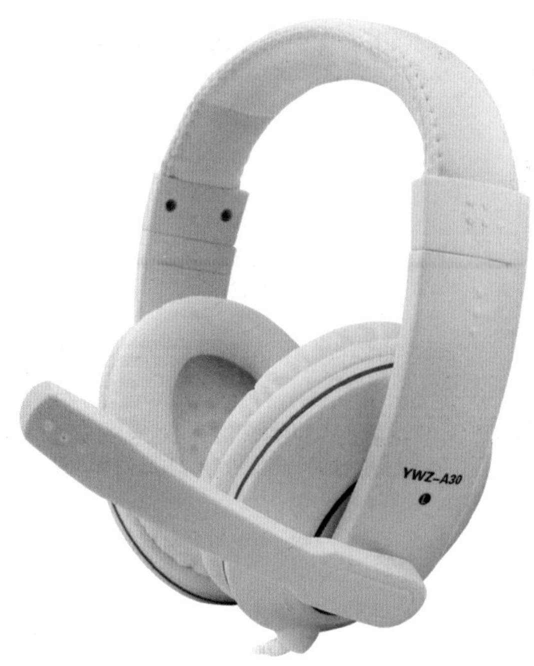

图 3-23 一个产品可能由多个体组成

第四节 本章小结

一、本章学习任务

1. 让学生在 A4 复印纸上用铅笔、钢笔、马克笔、彩铅笔或签字笔分类收集绘制包含有柱体、锥体和旋转体的产品造型 3 页，每页绘制 1 个，并说明这类造型在美感方面的特点。

2. 让学生在 A4 复印纸上用铅笔、钢笔或签字笔等手绘工具收集绘制包含有自由曲面的产品造型，共绘制 2 页，其中 1 页是仿生形态，并说明这类造型在视觉感受上的特点。

二、本章任务目标

1. 使学生理解产品造型的分类。

2. 使学生了解产品造型的构成元素。

三、本章任务要求

1. 画面构图要合理美观，画面线条准确清晰、明暗和色彩简洁明快。

2. 说明文字大小适中、书写工整，文字内容通顺流畅，文字表达逻辑清楚、重点明确。

3. 所选案例要符合本节的课题要求。

4. 学生们所需要的课题资料可从手机或电脑上下载收集，也可以从书刊杂志上采集绘制。教师也可以提供一些参考资料。

四、本章基础知识的介绍

产品造型的几何形态；产品造型的曲面形态；产品造型中的点、线、面、体。

图 3-24　含有柱体的产品造型案例

五、本章作业指导

作业 1：这里的柱体分为两种，一种是圆柱，另一种是棱柱（包括四棱柱中的立方体）。柱体造型是产品造型设计中经常出现的形态元素，在现代主义设计学派的作品里更是常用的几何元素之一。柱体造型简单明快，易于加工，造型语意明确，是体现机械美学的典型元素。柱体的形态与很多现代工业产品的功能需求高度吻合，如壶体、杯体、盒体等，是经济高效的形态之一。在美学上，柱体简洁明快的造型也是普遍受人类喜爱的造型。在提倡绿色设计的今天，运用好柱体造型的设计语言，是可以获得经济高效和美学效果的一个好的方法。另外，通过基本柱体和其他造型的有机结合，还能衍生出各种各样、变化无穷的造型来（图 3-24、图 3-25）。

图 3-25　含有棱柱的产品造型案例

作业 2：锥体造型往往是与其他几何体造型结合使用的，是相对独立的造型主体，不是倒斜角。锥体也是分为圆锥和棱锥两种，三棱锥即如金字塔形态，也可以是多边棱锥。锥体造型是几何体形态，金属、塑料、木材等都可以成型，适合大工业生产。从美学角度看，锥体造型一端大、一端小，带有柱面或斜面，造型线角分明，个性比较硬朗，但在造型上容易产生刻板生硬的负面效果，锥体小的一端容易造成聚集拘谨的感觉，适时加入一些球面或曲面造型调剂一下，增加整体造型的趣味性，效果会更生动（图 3–26）。

作业 3：旋转体造型包括球面、圆环，还包括任何截面环绕一个中心轴旋转而成的旋转体。由于旋转体可以以各种角度存在，旋转体的侧面轮廓可以是任意的，旋转体的旋转角度也没有限制，多种因素决定旋转体能够产生的造型是非常多样的。旋转体可以是造型的主体，也可以是造型的局部，我们不仅要善于发觉和体验，还要巧妙地运用旋转体创造出复杂多变的优美造型来。我们还要归纳旋转体和其他平面或曲面相交时的过渡和衔接，使各个面或体结合自然和谐，既有造型上的个性，还不失友善亲切，不过分突兀（图 3–27）。

作业 4：随着数控加工技术的进步，在实现自由曲面造型的生产环节已经没有什么障碍了。随着三维设计软件的发展，设计师在设计自由曲面的自由度上也得到了极大的施展空间。科学技术的进步使得当今的社会形成只有想不到，没有做不到的局面。这就要求工业设计师应具有更强的想象力和更强的造型表达能力。三维曲面的想象需要设计师不断地学习和积累造型方面的信息；三维曲面的表达则需要设计师用手绘表达、计算机二维表达、计算机三维表达、石膏模型或油泥模型等手段来实现。模型的表达在产品造型设计中是非常需要的，它可以提供真实的尺寸、比例关

图 3–26　含有锥体的产品造型案例

图 3–27　含有旋转体的产品造型案例

系，可以实现用计算机三维软件无法满足的真实体验（图 3-28）。

作业 5：仿生造型是目前产品造型中运用很多的造型手法。这一方面是人类加工技术的提高，可以实现各种仿生形态所需的曲面，另一方面也是因为人类社会经过多年发展，对大自然造成的破坏使人类意识到重视保护自己的生存环境重要性，人类需要跟自然更亲和，反映在产品造型上就是对自然生物的模仿，模仿动物、模仿植物，也想用自己“创造”的自然环境来安慰自己，希望环境更美好的愿望。在产品造型设计中的仿生设计，不是一味地模仿自然生物，不是简单的“形似”，而是要经过归纳提炼，去粗取精，夸张强化自然生物可亲可爱、美好和谐的部分，剔除琐碎丑陋的部分，得到一个特征鲜明的“神似”的造型。产品造型设计师要平衡好仿生和实用的关系，结合的巧妙才是好的设计，菲利普·斯塔克设计的小兔牙签筒就是一个很好的范例（图 3-29、图 3-30）。

图 3-28　含有自由曲面的产品造型案例

图 3-29　具有仿生形态的产品造型案例

图 3-30　菲利普·斯塔克设计的小兔牙签筒

六、本章任务实施

1. 本节课时为 8 课时，教师可组织学生在课上完成部分作业，其余布置在课余完成。

2. 作业的幅面和纸张是：A4 复印纸，绘画工具以能表现明暗、轮廓和色彩为好，建议使用快速表现的彩铅笔、签字笔、铅笔、马克笔等。

3. 教师可展示一些课题的范图供学生临摹参考。

4. 课题作业要定时、定量，要求明确。

七、本章任务小结

1. 在讲解下一个小节前，教师要收取本节的作业，并进行讲评。

2. 对存在的问题，教师要及时指出，并说明纠正的方法。对优秀的学生作业，教师要给予肯定，指出具体的优点。

3. 对没有完成规定作业的学生，教师要在班里指出并做书面记录，也是将来给学生本单元课的成绩打分的依据。

4. 本节课的作业数量是 A4 纸 5 张，分值是 10%。完成 5 张作业、符合要求的是 10 分；没完成作业的，按没完成作业的数量递减。

［思考与练习题］

1. 基本造型元素中，几何形态的造型元素有哪几种?

2. 分述点、线、面、体的特点。

第四章　产品造型设计的总体设计方法

第一节 变化布局

产品造型设计的总体设计方法之一是变化布局。如一个电话机，功能是一样的，结构也是一样的，但是总体布局发生了变化，产品造型就发生了变化（图 4-1、图 4-2）。变化布局是改良性设计的常用手法，因为一个科学技术的成果从产生、发展到成熟和衰落，要经过一定的历史时期，在这段历史时期内，受科技的影响，应用这种科技成果的产品造型就要相对维持一段时间，保持相对稳定的造型，如在触屏技术出现之前，手机的造型总是摆脱不了键盘的按键。但人类社会又需要产品造型的多样化，厂家为了争夺市场，也要设计制造新的产品，这段时期的产品造型设计有很多就是使用变化布局的设计方法。变化布局是在新的技术产生前的经济实用的产品造型设计手法。

图 4-1 变化按键的布局产生新的造型

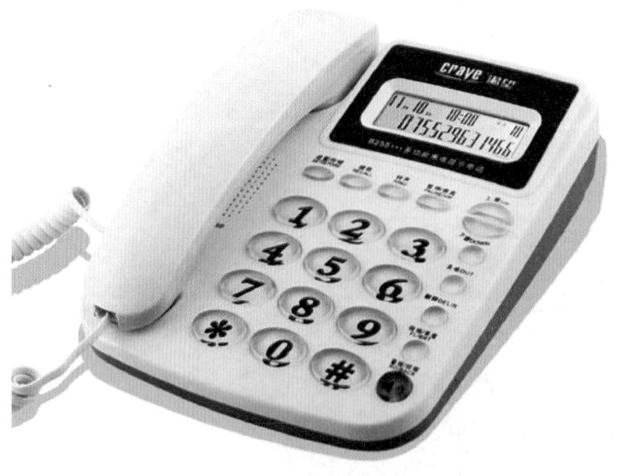

图 4-2 对比图 4-1，变化布局产生新造型

第二节　变化结构

产品结构的不同，可以产生不同的造型。同样具有剃须功能的剃须刀，由于结构的不同，会有非常不同的造型形态（图 4–3、图 4–4）。当然运用这种造型手法的关键是设计出新颖合理的结构方式来。虽然新结构的设计不是产品造型设计师的本职工作，但产品造型设计师应该有创新的意识，往往一个看似天真的想法能彻底改变一个产品的命运。如当初的录放机都是放在桌子上使用的，索尼公司联席主席盛田昭夫第一个想到能否把录放机带在身上播放好听的歌曲，他的这一好奇的想法最终成为现实，索尼公司设计生产了世界上第一台随身听 Walkman 播放器。

图 4–3　德国布朗的往复式刀头结构的剃须刀

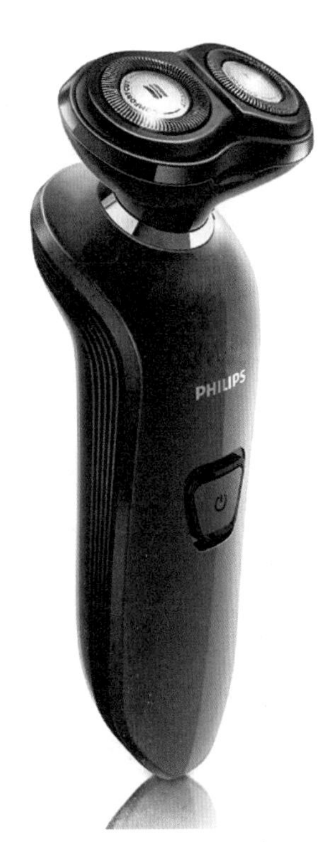

图 4–4　飞利浦旋转式刀头结构的剃须刀

第三节　变化功能

这类手法是比较常见的（图 4–5、图 4–6）。在实际设计过程中，更多的是对原有产品的功能进行添加，比如给普通喝水的杯子增加煮水的功能，就会产生新的造型形态（图 4–7、图 4–8）。类似的例证还可以举出很多，如给收音机增加录音的功能设计成收录机；给自行车增加电动的功能设计成电动自行车等。

图 4-5 一组卫浴用品的一个挂毛巾的挂钩

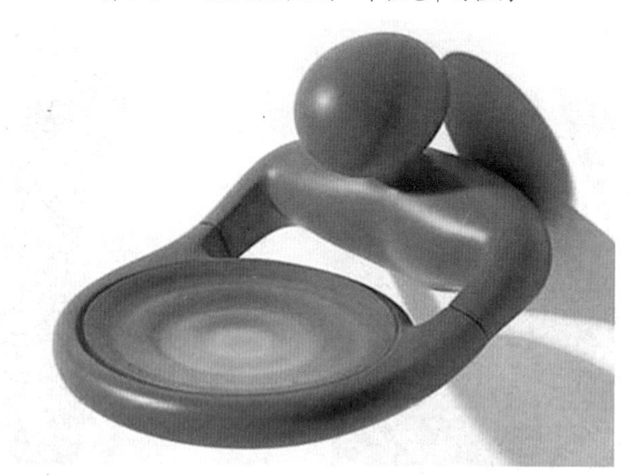

图 4-6 一组卫浴用品的一个放肥皂的托盘

图 4-7 普通的杯子只是喝水的容器

图 4-8 给喝水的容器增加一个煮水的功能，造型随之发生变化

第四节　变化形状

变化形状的手法只是比较概括的说法，在实际设计过程中，还会有很多具体的处理手段。一般来讲是由方变圆，由宽变窄等的常规理解，但还会辅助常用的削减和积聚的造型方法，并在美学范畴有更多的处理，最后的造型结果变化万千（图4–9、图4–10）。

图4–9　变化形状也是最常用的手法之一

图4–10　设计师可以运用这类手法演绎出很多方案

第五节　变化材料和工艺

变化材料和工艺产生新造型可以理解为是用现有材料对具有某种功能的造型进行新的诠释，也可以是利用材料科学的新成果上在造型上所做的新探索（图4–11、图4–12）。

图 4-11　传统的木质材料和传统的加工工艺造就了传统的辉煌

图 4-12　材料科学的新成果为现代造型提供了新的可能

第六节　技术革新

不言而喻，技术的革新会给产品造型带来革命性的变化。从带有物理按键的手机到虚拟键盘的触屏手机，其造型上的变化是翻天覆地的（图 4-13、图 4-14）。

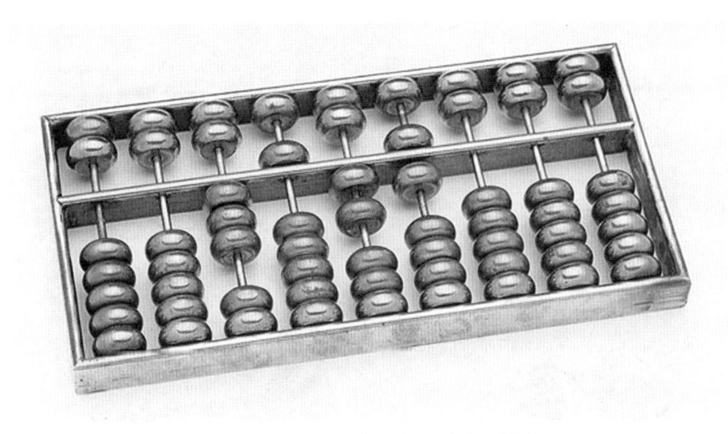

图 4-13　一种技术决定一种造型样式

图 4-14　新技术的出现完全颠覆了“计算”的形象

第七节　自然与造型

有史以来，就不乏人类模仿自然制造器物的先例。工业化社会的人类也没有和自然相脱离。随着环保意识的加强，和自然亲近、保护自然、让人类制造的器物与自然更亲和已经被很多人接受。与自然亲和，不仅是不破坏环境，不破坏环境的水质、土质和空气的质量，还在于不破坏大自然的自然景观，让我们的人造物更多地与大自然相得益彰。反映在产品造型设计上，就是把大自然中优美的形态元素移植到产品造型里来，这是设计师常用的方法（图 4–15）。产品造型上运用自然元素所得到的心理效应是明显的（图 4–16），这些心理乐趣是生活在工业社会的人类缺乏的，也是我们向大自然示好，不想再因为我们对大自然的不友好而受到惩罚的一种补偿（图 4–17）。

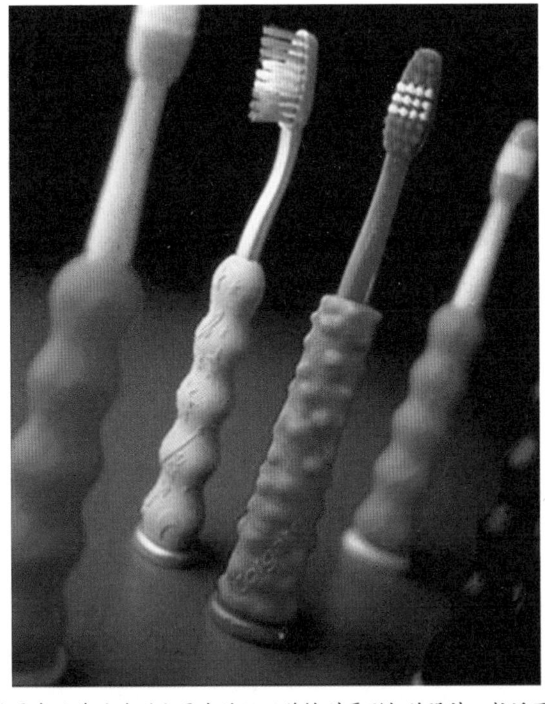

图 4-15　将自然界中豆荚的造型和果皮的肌理移植到牙刷把的设计，拉近了人与自然的距离

图 4-16 直接邀请大森林里的小松鼠作为我们日常生活用品的一部分，其造成的情感享受是非常强烈的

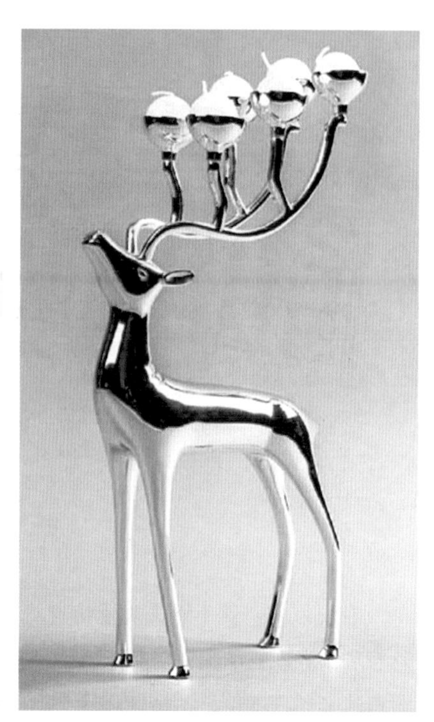

图 4-17 古往今来有多少设计师将大自然的美景固化为我们的生活用品，这个优美的小鹿和台灯的造型结合使我们流连忘返

第八节 本章小结

一、本章学习任务

1. 让学生用“变化布局”的方法手绘设计电话机的造型，在 2 张 A4 复印纸上设计 2 个方案。
2. 让学生用“变化形状”的方法手绘设计门拉手的造型，在 2 张 A4 复印纸上设计 2 个方案。
3. 让学生用“变化材料”的方法手绘设计椅子的造型，在 2 张 A4 复印纸上设计 2 个方案。

二、本章任务目标

1. 使学生掌握产品造型设计中的常用方法。
2. 通过设计实践，使学生在老师的指导下获得一些设计经验。
3. 通过课题练习，使学生逐渐从模仿向创作过渡。

三、本章任务要求

1. 设计要标注大致的尺寸，培养学生不脱离实际的习惯。
2. 造型设计要合理美观，画面线条准确清晰、明暗和色彩简洁明快。
3. 设计图纸要标明材质、结构、功能等设计特点。
4. 说明文字大小适中、书写工整，文字内容通顺流畅，文字表达逻辑清楚、重点明确。
5. 本章作业必须是原创，不得抄袭。

四、本章基础知识的介绍

变化布局产生新的设计；变化结构产生新的设计；变化功能产生新的设计；变化形状产生新的设计；变化材料和工艺产生新的设计；新的技术产生新的设计；从大自然汲取营养。

五、本章作业指导

作业 1：变化布局是改良性设计的一种。在产品造型设计的工作中，大多数是改良性设计。因为在新的科学技术成果出现以前，市场上流通的产品依旧沿用的是已有的科技成果。生产厂家为了推出新产品，就需要设计新的造型。变化布局就是利用已有技术设计出新产品的很好方法。变化布局的设计方法要求不增加新的功能、不改变现有的加工制造技术、不变化材料，甚至不增加制造成本。变化布局是各个造型元素、各个功能部件重新组织编排，这就需要运用变化与统一、对比与调和、比例与尺度、节奏与韵律等的美学法则进行设计。因为大多数产品的造型都是三维立体的，所以变化布局的设计也是立体的，特别要避免呆板的平面化处理。变化布局不能脱离功能的局限，不能为变化而变化，违反人机工学和加工制造的合理原则（图 4–18、图 4–19）。

图 4–18　变化布局产生新的造型举例 1

图 4–19　变化布局产生新的造型举例 2

作业 2：变化形状也是改良设计的一种。同一种功能不同的形态是获得产品造型多样化的有效途径。变化形状也是人类审美多样化的需要，人类的性格各异，秉性不同，在审美上的需求也有所不同。形状的变化涉及美学方面的问题较多，方圆、曲直、大小、凹凸这些造型元素如同作曲家手中的音符，设计师运用这些视觉元素谱写出一首优美动听的乐曲（图 4–20、图 4–21）。

作业 3：变化材料是设计师常用的手法之一。不同的材料有不同的制造工艺，也有各自的连接方式。这些特性一定程度上决定了产品造型的形状，设计师还可以利用这些材料特性给产品造型赋予独特的个性，在表现造型美的同时表现材料美。材料和工艺都和形状有着密不可分的关系。材料和加工工艺约束和限制形状的变化，也构成形状的特点。如木材的接合部位需要榫接或胶粘，金属材料的接合则需要焊接或铆接；塑料的形状变化要符合塑料的脱模工艺，否则就是纸上谈兵，这一点是年轻的产品造型设计师特别要注意积累的知识。这种知识的积累还可以助推设计师的创造力，使设计师跳出原有的思维定式设计出全新的产品造型来（图 4–22、图 4–23）。

图 4–20　变化形状产生新的造型举例 1

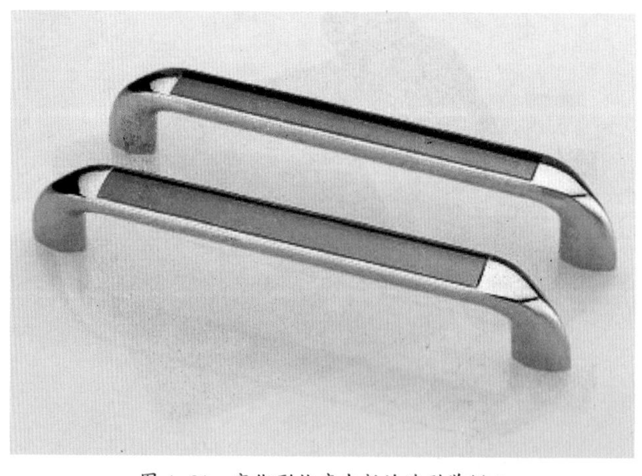

图 4–21　变化形状产生新的造型举例 2

图 4-22　变化材料产生新的造型举例 1

图 4-23　变化材料产生新的造型举例 2

六、本章任务实施

1. 本章课时为16课时，教师可组织学生在课上完成部分作业，其余布置在课余完成。

2. 作业的幅面和纸张是：A4复印纸，绘画工具以能表现明暗、轮廓和色彩为好，建议使用快速表现的彩铅笔、签字笔、铅笔、马克笔等。

3. 教师可展示一些课题的范图供学生临摹参考。

4. 课题作业要定时、定量，要求明确。

七、本章任务小结

1. 在讲解下一章前，教师要收取本章的作业，并进行讲评。

2. 对存在的问题，教师要及时指出，并说明纠正的方法。对优秀的学生作业，教师要给予肯定，指出具体的优点。

3. 对没有完成规定作业的学生，教师要在班里指出并做书面记录，也是将来给学生本单元课的成绩打分的依据。

4. 本章的作业数量是A4纸6张，分值是20%。完成6张作业、符合要求的是20分；没完成作业的，按没完成作业的数量递减。

［思考与练习题］

1. 简述产品造型设计的总体设计方法有几种？

2. 相对其他几种方法，变化形状在产品造型设计中更常用，这种说法对吗？

第五章　产品造型设计中局部形态的处理方法

第一节　削减

一、挖空

挖空，是指将形体挖透，造成通透的视觉效果（图 5-1）。挖空也可以是不同的形体组合后形成的通透的空间（图 5-2）。挖空的运用要根据功能的需要，有时也是为了节省材料（图 5-3），当然，纯粹出于美学的考虑也是可以的。

图 5-1　手柄上的挖空兼具功能和造型的需要

图 5-2　出水口盖子部分构成的镂空造型透出灵动

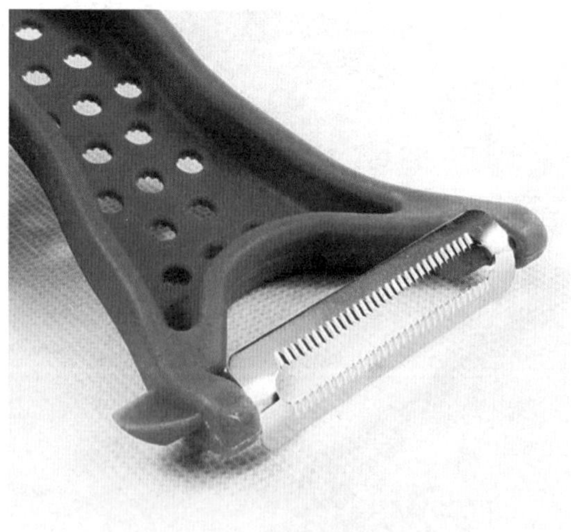

图 5-3　削皮器把手上的挖空兼有节省材料和美学的作用

二、修剪

a. 挖出凹陷。这类修剪是将形体挖掉一部分，不完全挖透，只是形成负空间，在造型上构成凹陷（图 5–4）。修剪的深浅和形状多种多样，结合和美学的需要，使造型设计得丰富多彩（图 5–5）。

b. 形成分割。这类修剪是在形体上挖出直线或曲线的凹槽，对形态构成分割（图 5–6）。

图 5–4　跑步机控件面板两侧修剪的凹陷空间与控制面板形成正负空间的对比，同时也具有储物功能

图 5–5　打印机的进纸口和出纸口都在造型上做了修剪的处理，既满足了功能的需要，也使得造型更轻巧

图 5–6　吸尘器主体上利用流畅的凹槽曲线分割出优美的造型形态

第二节 积聚

一、堆砌组合

形体由上到下逐个平稳地堆放在一起，构成一定的形状组合。叠放的顺序要符合功能要求，构成组合的单元形体在整体统一的前提下可以形态多样，可以由几何体构成，也可以由自由曲面构成，但总体上是垂直方向的形体叠加（图 5-7~ 图 5-9）。

图 5-7 根据功能的需要，形体由上到下堆放在一起的组合方式称为堆砌组合

图 5-8 堆砌组合的每个单元体的造型可变化无穷

图 5-9 堆砌组合是垂直方向的形体叠加

二、接触组合

如果说堆砌组合是垂直方向的叠加，接触组合就是在水平面上的重复。接触组合可以是直线连续（图 5–10），也可以是折线连续（图 5–11）、曲线连续（图 5–12）和多维连续（图 5–13）。

连续组合中的单元形体可以是相同的形态，也可以是不同形态，还可以是渐变形态（图 5–14）。

图 5–10　接触组合是水平方向的直线连续组合

图 5–11　接触组合中的折线连续组合

图 5–12　接触组合中曲线连续的例子

图 5-13 接触组合中的多维连续组合

图 5-14 曲线连续中单元形体的渐变形态

三、贴加组合

贴加组合是若干个小的形态贴加在大的形态之上。这些小的形态可以是功能的，也可以是装饰的（图 5-15、图 5-16）。贴加组合的特征是局部凸起，接合产品的功能和结构需要恰当地凸起在主要形态之上，凸起部分和主体之间有着明显的比例差距。贴加的形式视结构的需要，结合要自然（图 5-17）。

图 5-15 若干个小的形态贴加在大的形态之上

图 5-16 这些小的形态可以是功能的，也可以是装饰的

图 5-17　贴加的形式视结构的需要，结合要自然

四、镶嵌组合

镶嵌组合可以有主次形态，也可以不分主次。镶嵌组合的主要特征是主要形态之间相互咬合（图 5-18）。镶嵌组合容易获得造型上大的对比效果，但也容易产生整体风格不统一的问题（图 5-19）。

图 5-18　两个造型迥异的形态镶嵌到一起，如何寻求造型风格上的统一是个较大的问题

图 5-19　镶嵌组合的形态可以有主次，但体量相差不会太大，相差太大就更符合贴加组合的特征了

五、贯通组合

贯通组合是两个或两个以上的形态穿插在一起的组合。贯通组合的造型设计一定要符合生产工艺，满足注塑或铸造的工艺要求。贯通组合具有结构感强、造型形态变化多样的特征，如果巧妙地结合功能，能取得很好的艺术效果（图 5-20~ 图 5-22）。

图 5-20　提梁和瓶嘴贯通组合在一起，效果奇趣　　图 5-21　圆柱和圆环的贯通形成虚实有度的韵律感

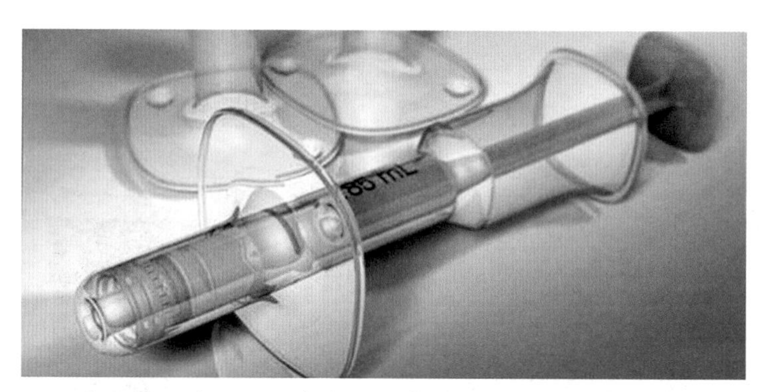

图 5-22　几个不同的形态贯通组合在一个中轴上，统一中有变化

第三节　分割

这里所说的分割是对一个大的形体的分割，这种分割主要有：凹槽分割、凸棱分割、颜色分割和材质分割四种。

一、凹槽分割

凹槽分割是指在形态表面以槽的形式将一块造型区域进行分割。凹槽的宽度没有一定的尺寸规定，如图 5-23 驱蚊器的底部设计了一个较宽的凹槽，凹槽内还设计了细小的孔，凹槽增加了凹凸效果，小孔造成了虚实效果。再如图 5-24，条码打印机的凹槽分割设计，将凹槽和结构接合起来，槽的设计不是简单的平槽，而是在槽的边缘倒了斜角，非常富于雕塑感。

图 5-23 驱蚊器设计。用凹槽分割设计的底部丰富了造型的变化，细小的孔增加了通透性

图 5-24 “佳博”牌条码打印机。用凹槽分割了多个部位，使造型富于结构感

二、凸棱分割

凸棱分割是以添加凸起的界限的方式，将一个大的造型区域区分开来。凸棱的形态也是没有固定的规则，设计师根据整体设计的需要变化出各种凸棱分割形式。如图 5-25 儿童 GPS

定位手环，设计师采用各种形态的凸起在整体造型的各个面上分割出丰富的局部造型，色彩虽然单纯，但是形态语言并不简单，给人一种简洁明快，优美典雅的视觉感受。

三、颜色分割

颜色分割虽然近乎平面设计，但区别于平面设计的是，产品造型设计师要面对的一个三维立体，是具有结构、材料和功能等多种因素的产品，不是一张平面的纸。色彩分割的色彩搭配在美学规律上基本与平面设计是一样的，要遵循和谐、符合功能、贴近人的感受等原则。有关设计色彩学方面的知识在设计师运用颜色分割的方法进行产品造型设计时是必不可少的（图 5-26）。

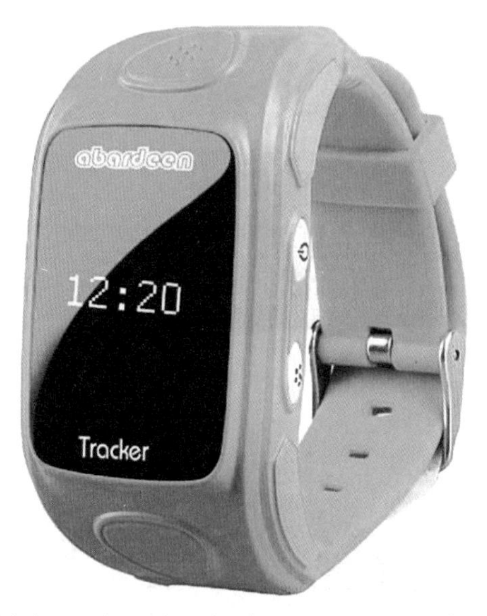

图 5-25 “阿巴町”牌儿童安全卫士（GPS 定位手环）。凸棱分割使造型富于雕塑感，在单纯中见丰富

图 5-26 “春笑”牌女士专用剃毛器。用优美的颜色块将整体造型分割开来，既丰满又有变化

四、材质分割

材质分割与颜色分割有相似之处，不同之处是对不同材料的理解和运用。在材质的研究和使用上，苹果公司堪称典范，乔布斯对自己产品的苛求使得苹果产品成为一种时尚。材质方面的分割可以是不同材料（图 5–27、图 5–28），也可以只是肌理的区别，还可以通过相应的技术完成，如塑料可以用二次成型技术（图 5–29）。

图 5–27　“佳能”牌照片打印机。用材质分割出一个矩形，既是功能的需要，也是美学的考虑

图 5–28　“小熊”牌面包机。用材质分割出顶面造型，避免了整体造型的呆板，也凸显材质的华丽

图 5–29　用二次成型的注塑工艺设计不同材质的分割

五、常用分割形式

常用的分割形式有环形分割、横向分割、纵向分割和曲线分割（图 5–30~ 图 5–33）。

图 5–30 环形分割，飞科牌电吹风机

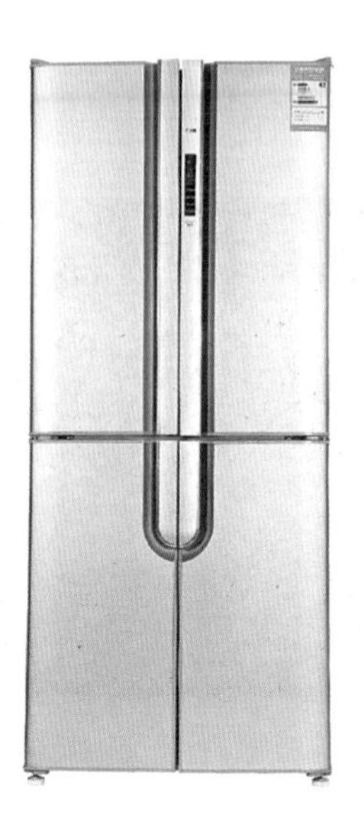

图 5–31 纵向分割，美菱牌电冰箱

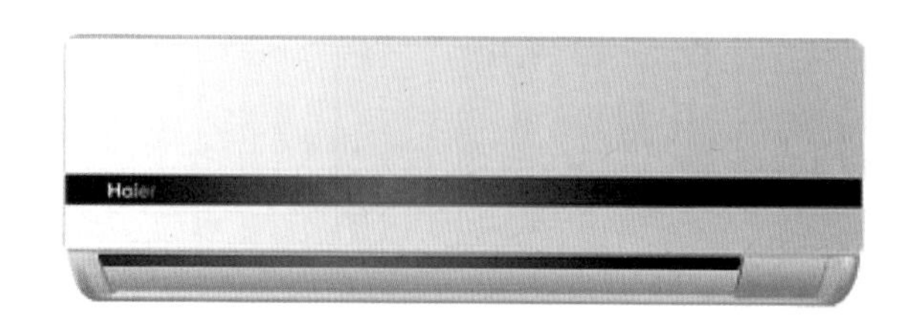

图 5–32 横向分割，海尔牌空调机

图 5–33 曲线分割，飞利浦电熨斗

第四节 渐消面

渐消面是两个或两个以上的曲面相遇时，相交部分在某一个集合点逐渐消失为一个面，这种方法在现今的很多产品造型中都有运用。渐消面可以创建微妙的曲面变化，给人产生一种美好的艺术感受（图 5–34~ 图 5–36）。由于渐消面的曲面变化非常微妙复杂，因此，在实际设计时往往要通过油泥模型或电脑三维软件来反复推敲，最终获得理想的渐消面造型。

图 5-34　在汽车设计中渐消面运用的比较多

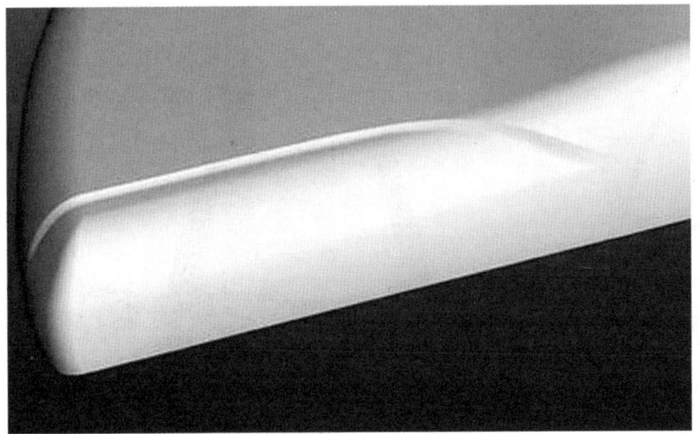

图 5-35　产品造型设计中的渐消面 1

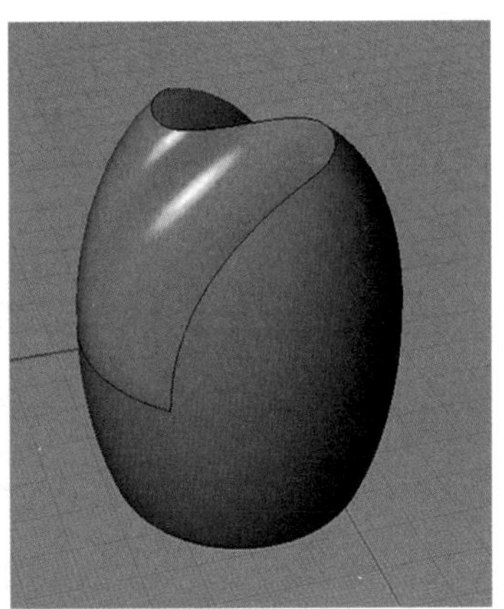

图 5-36　产品造型设计中的渐消面 2

第五节　本章小结

一、本章学习任务

1. 让学生用“挖空”的方法手绘设计削皮器的造型，在 2 张 A4 复印纸上设计 2 个方案（图 5-37、图 5-38）。

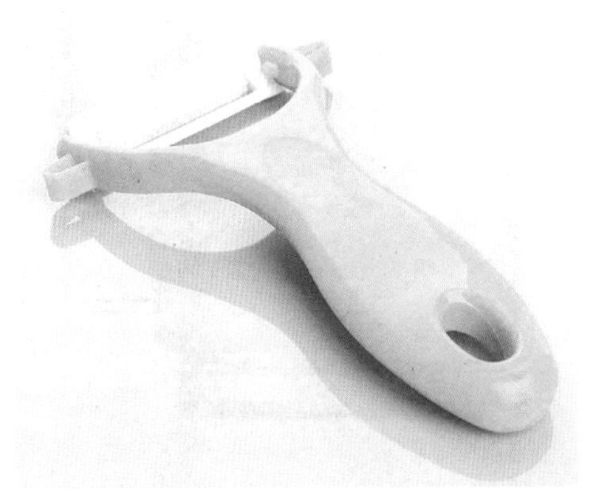

图 5-37　用挖空的手法设计的削皮器 1

图 5-38　用挖空的手法设计的削皮器 2

2. 让学生用“堆砌组合”的方法手绘设计电咖啡壶的造型，在 2 张 A4 复印纸上设计 2 个方案（图 5-39、图 5-40）。

3. 让学生用“贴加组合”的方法手绘设计电水壶的造型，在 2 张 A4 复印纸上设计 2 个方案（图 5-41、图 5-42）。

图 5-39　用堆砌组合的手法设计的电摩卡咖啡壶 1

图 5-40　用堆砌组合的手法设计的电摩卡咖啡壶 2

图 5-41　用贴加组合的手法设计的电水壶 1

图 5-42　用贴加组合的手法设计的电水壶 2

二、本章任务目标

1. 使学生掌握产品造型设计中的常用方法。

2. 通过设计实践，使学生在老师的指导下获得一些设计经验。

3. 通过课题练习，使学生逐渐从模仿向创作过渡。

三、本章任务要求

1. 设计要标注大致的尺寸，培养学生不脱离实际的习惯。

2. 造型设计要合理美观，画面线条准确清晰、明暗和色彩简洁明快。

3. 设计图纸要标明材质、结构、功能等设计特点。

4. 说明文字大小适中、书写工整，文字内容通顺流畅，文字表达逻辑清楚、重点明确。

5. 本章作业必须是原创，不得抄袭。

四、本章基础知识的介绍

局部形态处理的各种削减方法；局部形态处理的各种积聚方法。

五、本章作业指导

作业 1：挖空是在整体造型上做减法，是在实体上形成通透，形成负空间。挖空是功能的需要，打印机的进纸口和出纸口在打印机的整体造型上形成通道，完成纸的输入和输出。挖空是节省材料的需要，削皮器的整体造型有挖空，更多地考虑不是功能方面的，而是在保证强度的前提下，最大限度地节省材料。挖空也是美学的需要，茶壶盖上的摘子设计成环状并不完全是为了好摘取，还是要产生一种空灵的美学感受。

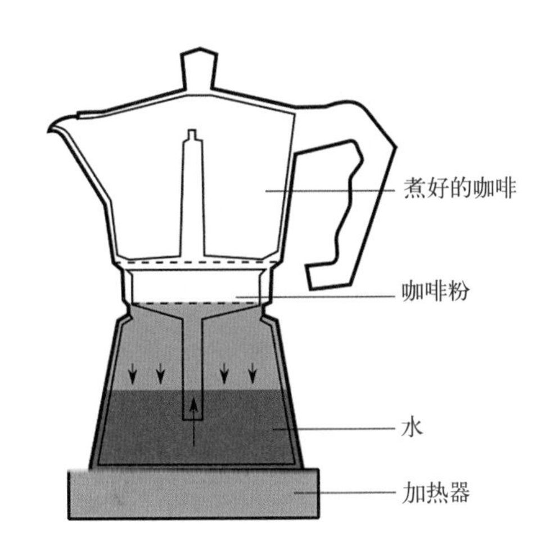

图 5–43　摩卡咖啡壶的构造

作业 2：堆砌是形体的纵向叠加，叠加的各个形体之间没有从属或依附关系。堆砌的各个形态多各具相对独立的功能，如摩卡咖啡壶（图 5–43）的构造分为四个部分，分别是咖啡容器、咖啡粉容器、水容器和加热器，功能序列与纵向堆砌造型的序列相吻合，给设计师如何处理和塑造这四个形态之间的关系提出了问题。堆砌造型的手法也可以用在其他产品造型设计中，设计师运用纵向堆砌的规律与要设计的产品的功能相结合，设计出一种功能和造型都完美的新的产品（图 5–44）。

作业 3：贴加是产品造型设计中经常使用的方法。从造型艺术的角度来看，造型主体的存在是靠周围的附加物来陪衬的，红花还要绿叶衬。贴加部分的形态可以千变万化，在符合功

图 5-44 用堆砌的手法设计的便当盒，巧妙之处是每一层的连接

能和人机工学的前提下构成美学意义上的完美。贴加的部分和主体之间的比例相差应该比较大，形成主次关系。

六、本章任务实施

1. 本章课时为 16 课时，教师可组织学生在课上完成部分作业，其余布置在课余完成。

2. 作业的幅面和纸张是：A4 复印纸，绘画工具以能表现明暗、轮廓和色彩为好，建议使用快速表现的彩铅笔、签字笔、铅笔、马克笔等。

3. 教师可展示一些课题的范图供学生临摹参考。

4. 课题作业要定时、定量，要求明确。

七、本章任务小结

1. 在讲解下一章前，教师要收取本章的作业，并进行讲评。

2. 对存在的问题，教师要及时指出，并说明纠正的方法。对优秀的学生作业，教师要给予肯定，指出具体的优点。

3. 对没有完成规定作业的学生，教师要在班里指出并做书面记录，也是将来给学生本单元课的成绩打分的依据。

4. 本章的作业数量是 A4 纸 6 张，分值是 20%。完成 6 张作业、符合要求的是 20 分；没完成作业的，按没完成作业的数量递减。

［思考与练习题］

1. 积聚的方法有几种，都是哪些？

2. 分割起什么作用？

第六章　产品造型设计中形态相遇时的处理方法

第一节　没有过渡

在产品造型设计中，各个局部形态有时会相遇。当两个形态相遇时，交界的部分的处理是需要处理的问题。分析起来，第一种处理的方法是两个形态直接接触，没有过渡，或者说无须过渡（图 6–1、图 6–2）。

图 6–1　旋钮和仪表盘之间没有过渡

图 6–2　柱形和伞形的连接，没有过渡处理，简洁明快

第二节　圆角过渡

第二种处理方法是圆角过渡。两个形体相遇，用圆角过渡是避免生硬直接的最好方法之一。两个几何形态相遇可以用圆角过渡，两个自由曲面相遇也可以用圆角过渡（图 6–3、图 6–4）。

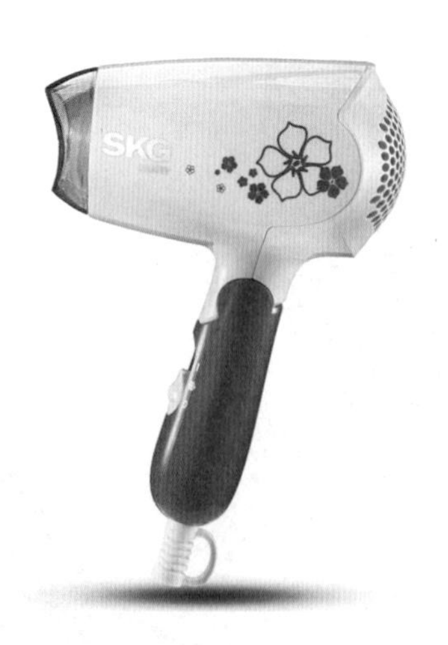

图 6–3　电吹风的主体和把手用圆角过渡，自然流畅

图 6–4　自由曲面的圆角过渡

第三节　斜角过渡

第三种处理方法是斜角过渡。两个形体相遇，用斜角过渡也是在两个截然不同的形态间进行衔接的一种方法（图 6–5）。斜角过渡也可以在一个正形和一个负形之间过渡（图 6–6）。

图 6–5　洗发香波的瓶体和瓶口之间用了斜角过渡

图 6–6　音箱的方的正形和扬声器的圆的负形用斜角过渡（圆孔外面加盖的喇叭罩）

第四节　退台过渡

第四种处理方法是退台过渡。两个形体相遇，从一个形体到另外一个形体用逐级退台的方法连接起来也是常用的过渡方法之一。逐级退台增加了缓冲，也增加了层次（图 6–7、图 6–8）。

图 6–7　手电筒的灯碗和手柄之间用了退台过渡

图 6–8　研磨杯和底座之间用了退台过渡的处理

第五节　本章小节

一、本章学习任务

1. 让学生在A4复印纸上用铅笔、钢笔、马克笔、彩铅笔或签字笔设计四个台灯的效果图（共4张），在各个造型的局部形态相遇时，分别运用“没有过渡”、“圆角过渡”、“斜角过渡”和“退台过渡”的四种方法（四种方法可混用，图6-9~图6-12）。

2. 文字说明局部处理和整体造型的关系。

3. 文字注明材质和制造工艺等。

4. 图纸要求标注大致的尺寸。

图6-9　台灯设计——没有过渡

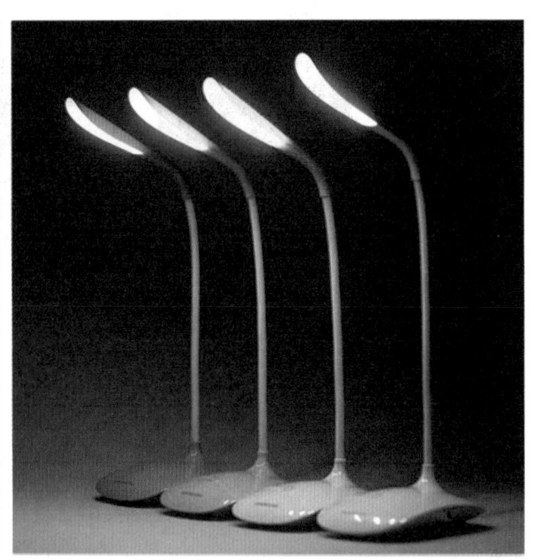

图6-10　台灯设计——圆角过渡

图6-11　台灯设计——斜角过渡

图6-12　台灯设计——退台过渡

二、本章任务目标

使学生了解产品造型设计局部形态相遇时的处理方法。

三、本章任务要求

1. 要求学生正确运用形态相遇时的处理方法。

2. 画面构图要求合理美观，画面线条准确清晰、明暗和色彩简洁明快。

3. 说明文字大小适中、书写工整，文字内容通顺流畅，文字表达逻辑清楚、重点明确。

4. 本章的设计必须原创。

四、本章基础知识的介绍

产品造型设计中形态相遇时的处理方法。

五、本章作业指导

一个产品造型可以由单个形态构成，也可以由多个形态构成。在多个形态相遇时，就会存在交界的处理问题。就我们讲的四种处理方法，并不是孤立使用的。没有过渡的情况是比较少的，退台过渡的情况也是不多的，圆角过渡使用的情况最多，斜角过渡其次。注意到这四种过渡方法，有意识地使用它们，可以创建具有特色的产品造型来。本章练习的课题是以台灯作为母题，以各个形态间的过渡为重点，以期训练对细节的处理能力。台灯的基本形态分为三个部分：灯罩、灯柱和灯座。在设计作业规定的课题时，首先当然是要对台灯的总体造型有一个构想，形成一个总体风格以后，围绕这三个形态的交界部分深化设计细节。不同的材料，总体结构会不一样，细节的处理也会不同；不同的造型体量不同，形态间的过渡也会用不同的处理方法。虽然本章练习着重的细节设计，其实也是对总体设计能力的训练。

六、本章任务实施

1. 本章课时为 4 课时，教师可组织学生在课上完成部分作业，其余布置在课余完成。

2. 作业的幅面和纸张是：A4 复印纸，绘画工具以能表现明暗、轮廓和色彩为好，建议使用快速表现的彩铅笔、签字笔、铅笔、马克笔等。

3. 教师可展示一些课题的范图供学生临摹参考。

4. 课题作业要定时、定量，要求明确。

七、本章任务小结

1. 在讲解下一章前，教师要收取本章的作业，并进行讲评。

2. 对存在的问题，教师要及时指出。对优秀的学生作业，教师要给予肯定，指出具体的优点。

3. 对没有完成规定作业的学生，教师要在班里指出并做书面记录，也是将来给学生本单元课的成绩打分的依据。

4. 本节课的作业数量是 A4 纸 4 张，分值是 10%。完成 4 张作业、符合要求的是 10 分；没完成作业的，按没完成作业的数量递减。

[思考与练习题]

过渡的处理方法有几种，分述其特点。

第七章　产品造型设计中运用的美学规律

第一节 统一

在产品造型设计中，统一是不同体量的形态特征完全相同，与协调相比较，无论在体量、形状、色彩、材料等方面，统一具有更高的一致性（图 7–1）。统一还表现在整体风格上，一个产品的整体造型没有统一，就容易造成杂乱无章的感觉（图 7–2）。

图 7–1 爱贝丽牌婴儿车，车轮的设计符合统一的特征，虽然体量不同，形状完全相同

图 7–2 长帝牌电烤箱，前面上下两条造型的形状、材质和颜色与烤箱侧面形成统一的风格，但四个足的造型显然和总体的直线风格不统一

第二节　变化

一件产品如同一个故事，没有变化就索然无味。没有变化的造型是单调乏味的造型，没有变化的形态是没有生命力的形态。在产品造型设计中变化的元素很多，可以是体量、形状（图7–3、图7–4），也可以是方向和位置。

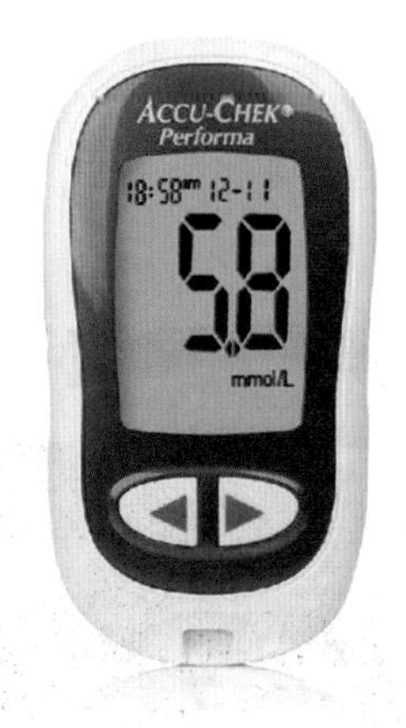

图7–3　德国罗氏血糖仪，在统一的自由曲面的整体造型的基础上，一对按键起到了变化的效果

图7–4　飞兰牌投影机，在长方体的顶面设计一个凸起的造型，即配合了镜头的圆柱体造型，也变化了矩形的呆板形态

第三节　对称

对称的手法在产品造型设计中被广泛应用。对称造型中往往有一个显性或隐性的对称轴，在对称轴两边是一对相对或相向的形态。对称是一种秩序，能给人带来宁静感与和谐的美（图7–5、图7–6）。

图7–5　TCL牌抽油烟机，尽管六个按键的功能不一样，但设计师还是从秩序美的角度强行按照对称的方式排列布局

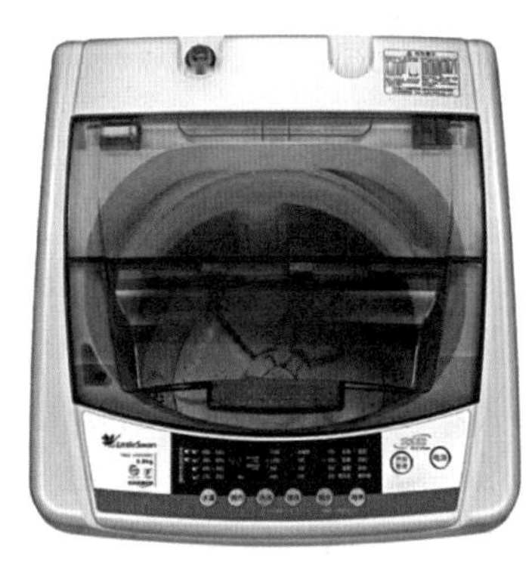

图7–6　小天鹅牌洗衣机俯视图，为了营造秩序，设计师以对称排列的方式将复杂的操控指令秩序化

第四节 平衡

在产品造型设计中，可能在实际布局上造型的两边不完全对等（假设有一个中轴，中轴两边的形状、大小、排列等不一样），但视觉上却能产生一种均等的感觉，这种情况就是平衡。解释平衡最古老的例证就是称，称的左边大右边小，但是两边分量是一样重的。平衡是产品造型设计师经常使用的手法，他们会将各种设计元素放在天平的两边，演绎出各种优美丰富的造型来（图 7-7、图 7-8）。

图 7-7 MOBICOOL 牌车载小冰箱，顶部设计巧妙的运用平衡的手法产生了丰富的视觉效果

图 7-8 尚朋堂牌电压力锅，若干形态元素构成一个完美的平衡设计

第五节 对比

在产品造型设计中，两种以上的形态差异明显时称为对比。形态差异指的是形状、体量和方向的不同。在实际设计中对比还包括材料、色彩和质感等。对比是指画面中存在两个势均力敌的力量，如果这两个力量呈镜像的状态，就是对称，如果这两个力量并列，就是对比。从对比的体量上说，对比双方的体量相当差别不是很大；从对比的数量上说，对比双方的数量差别也不大；从对比双方的排列秩序上说，应具有对阵的样式。如果从数量和排列上有很大的差异，就有可能产生特异，构成特异的特征是数量对比超大、排列秩序非常不同，这是区别对比和特异的关键，在产品造型设计里我们要重点关注形态的对比（图 7-9、图 7-10）。

图 7-9　项链和坠的对比效果相得益彰

图 7-10　折叠凳的造型虽然简洁，但包含有多种对比
（凳面和凳腿的形态对比、颜色对比和材质对比）

第六节 调和

调和是在不同的形态间加入相同元素。相同的元素是指相同的形状、相同的色彩、相同的质感、相同的材料、相同的排列，等等。通过在不同的形态上重复出现相同的元素，使得截然不同的形态有了相同的共性，这种手法在产品造型设计中经常使用（图 7-11、图 7-12），这种手法也可以叫同构。

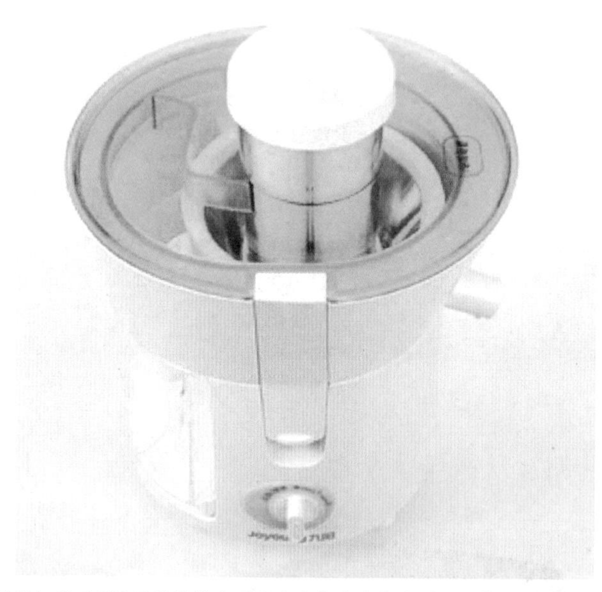

图 7-11 榨汁机的控制旋钮的下面设计的衬垫在形状上和颜色上都是对瓶口部分的重复，这种相同的共性产生了协调性

图 7-12 富士拍立得照相机，在复杂曲面造型中，设计师用反复出现的圆形来达到协调的效果

第七节 稳定

在产品造型设计中，稳定分为物理稳定和视觉稳定，但两种稳定都是指造型重心上的稳定。稳定有一种安全感，重心越偏下，稳定感越强。在实际稳定中，造型的底面积越大，稳定感越强（图 7–13）。在视觉稳定中，视觉重心越偏下，稳定感越强；深颜色的部位越偏下，稳定感越强（图 7–14）。

图 7–13 产品造型的实际稳定是底面积越大，稳定感越强；重心越偏下，稳定感越强

图 7–14 产品造型的视觉稳定是视觉重心越偏下，稳定感越强；深颜色的部位越偏下，稳定感越强

第八节 轻巧

轻巧是在保证具有物理稳定的前提下使造型有一种轻巧的感觉，这是一种造成轻盈的艺术手法。与稳定的处理相反，轻巧感的获得是重心越偏上，轻巧感越强；造型的底面积越小，轻巧感越强（图 7–15）；深颜色的部位越偏上，轻巧感越强（图 7–16）。

图 7–15 产品造型的视觉轻巧是视觉重心越偏上，轻巧感越强；深颜色的部位越偏上，轻巧感越强

图 7–16 产品造型的底面积越小，轻巧感越强

第九节　比例

比例在产品造型中是指整体和局部或局部和局部之间的大小关系。在产品造型设计上广泛被人们认可的、能够引起美感的比例是古希腊科学家提出的黄金分割比例，即长宽的比是 1∶0.618 或 1.618∶1。比较著名的例子是古希腊的帕特农神庙（图 7–17）。设计史上也还可以分析出一些符合黄金分割比例的案例来（图 7–18），并且也有分析家解读存在于自然界的黄金分割比例现象（图 7–19）。

图 7–17　后人分析的古希腊巴特农神庙对黄金分割比例的运用

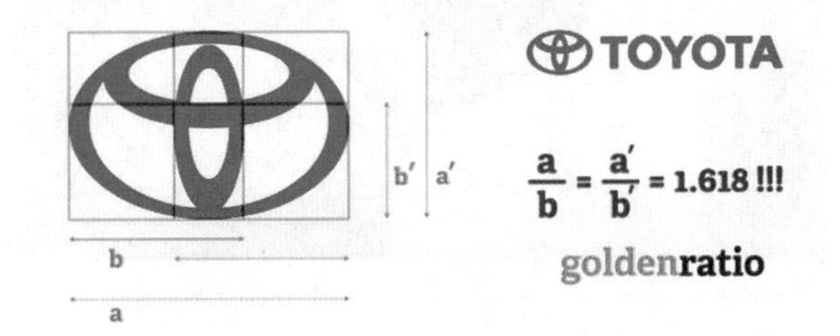

图 7–18　分析家对丰田标志设计在运用黄金分割比例方面的分析

图 7–19　学者找出美女的脸部与黄金分割比例的关系

第十节　尺度

从审美上讲尺度，更多的是看造型的大小是否适宜。判断的标准，有人机工学的一面，但也不完全都是人机工学。在审美上，尺度可以适度的夸张，或者为了强调美感，适度改变人机工学意义上的尺度关系（图 7-20、图 7-21）。

图 7-20　美学意义上的尺度和人机工学还不完全一样，经常可以看到出于美学考虑而改变人机工学尺度关系的例子

图 7-21　这种夸张的尺度设计，多用于装饰性较强的产品设计上。通过手表与手腕不合理的尺度设计，突出佩戴者的新奇时尚

第十一节 节奏

节奏是指形态要素周期性的重复。节奏的形式比较简单，构成节奏的单元形体相对一致。节奏产生简洁明快、有组织的美（图 7–22、图 7–23）。

图 7–22 节奏美是秩序的美、组织的美

图 7–23 形态元素周期性的重复产生节奏美

第十二节 韵律

韵律是有变化的节奏，是节奏的深化。韵律是节奏单元经过连续反复形成有规律的变化，增加造型起伏跌宕的美感（图 7–24~ 图 7–26）。在设计韵律的效果时，不要忽视单元形象的造型和单元形象之间相同元素的美观和谐。

图 7–24 韵律是有变化的节奏

图 7–25 韵律产生起伏跌宕的美感

图 7-26 松果吊灯的造型韵律有丰富的层次感

第十三节 本章小结

一、本章学习任务

1. 让学生在 A4 复印纸上用铅笔、钢笔、马克笔、彩铅笔或签字笔运用“对称”的美学规律设计一个血糖仪箱（效果图），附设计说明（图 7–27）。

2. 让学生在 A4 复印纸上用铅笔、钢笔、马克笔、彩铅笔或签字笔运用“变化”的美学规律设计一个血糖仪（效果图），附设计说明（图 7–28）。

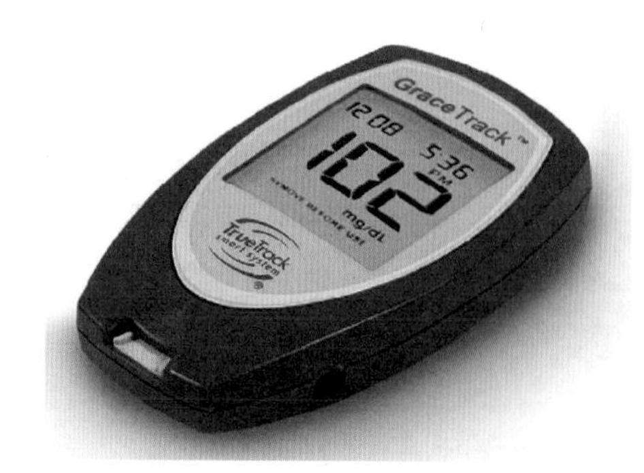

图 7-27 纵向有一个隐形的中心轴，轴的两边是对称的

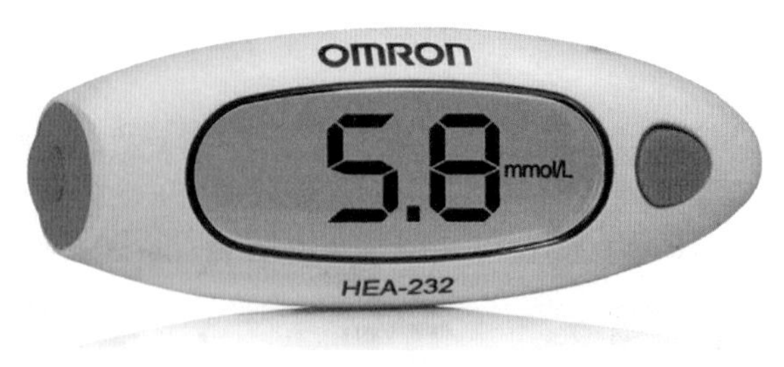

图 7-28 放血糖试纸的“端口”和“控制键”是变化的部分，变化的元素包括形状和颜色

3. 让学生在 A4 复印纸上用铅笔、钢笔、马克笔、彩铅笔或签字笔运用“平衡”的美学规律设计一个血糖仪（效果图），附设计说明（图 7–29）。

4. 让学生在 A4 复印纸上用铅笔、钢笔、马克笔、彩铅笔或签字笔运用“对比”的美学规律设计一个血糖仪（效果图），附设计说明（图 7–30，案例中运用了大小对比、明度对比、曲线对比等对比手法）。

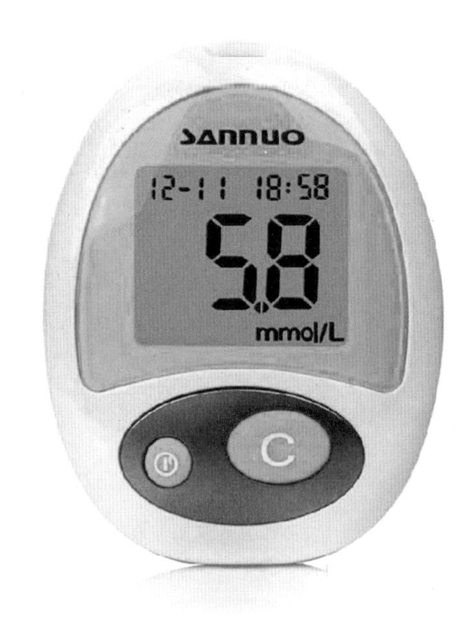

图 7–29　两个按键的中间有一个视觉上看不见的“支点”，支撑着两侧的平衡

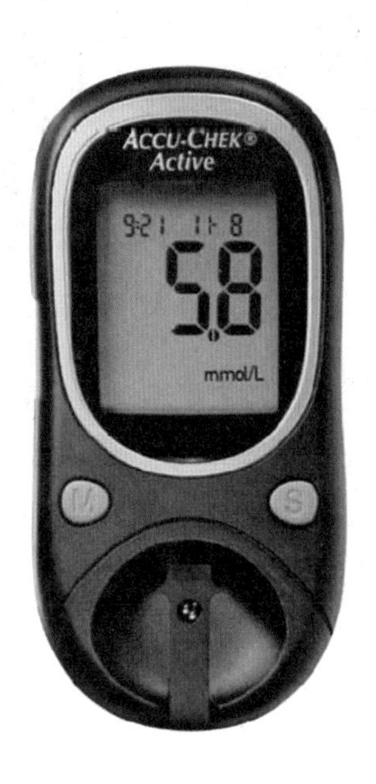

图 7–30　大小、方向、明度、凹凸等组成很好的对比效果

5. 让学生在 A4 复印纸上用铅笔、钢笔、马克笔、彩铅笔或签字笔运用“稳定”的美学规律设计一个茶壶（效果图），附设计说明（图 7–31）。

6. 让学生在 A4 复印纸上用铅笔、钢笔、马克笔、彩铅笔或签字笔运用“轻巧”的美学规律设计一个茶壶（效果图），附设计说明（图 7–32）。

图 7–31　“稳定”是靠体量的矮胖和重心的下移实现的

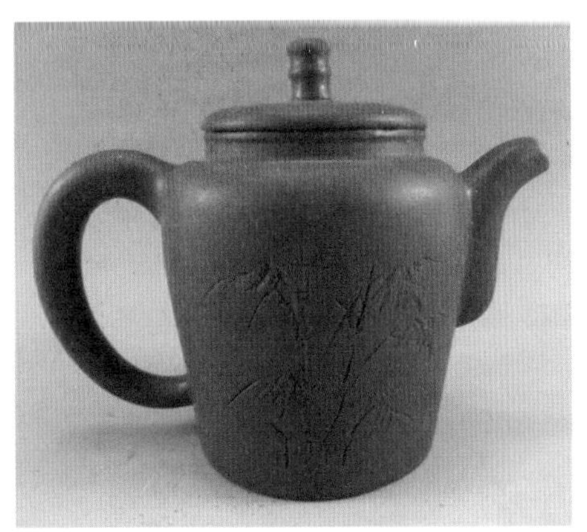

图 7–32　竖高和上大下小提升了重心，构成轻巧

7. 让学生在A4复印纸上用铅笔、钢笔、马克笔、彩铅笔或签字笔运用“比例”的美学规律设计一个茶壶（效果图），附设计说明（图7–33）。

8. 让学生在A4复印纸上用铅笔、钢笔、马克笔、彩铅笔或签字笔运用“韵律”的美学规律设计一个茶壶（效果图），附设计说明（图7–34）。

图7–33 壶的直径和整体高的比例构成近似1：1.618的黄金比

图7–34 壶盖、壶嘴和壶把的造型体现着韵律的美

二、本章任务目标

1. 使学生了解产品造型设计中的各种美学处理方法。

2. 使学生能运用这些美学规律设计产品造型。

三、本章任务要求

1. 设计要符合美学规律。画面构图要求合理美观，画面线条准确清晰、明暗和色彩简洁明快。

2. 说明文字大小适中、书写工整，文字内容通顺流畅，说明材质、工艺和结构等。

3. 设计内容要符合本章的课题要求。

4. 设计图纸要标注大致的尺寸。

四、本章基础知识的介绍

产品造型设计的美学规律。

五、本章作业指导

作业1：对称在产品造型设计中是经常使用的艺术手法，中国传统造型从器物到建筑都有很多参考的范例。对称是均等的镜像形式，是一种秩序的美（图 7–35）。

作业 2：变化也是产品造型设计中经常运用的艺术手法。没有变化的造型是没有生气的造型，没有变化的造型不能吸引人的注意。变化可以是形状上的变化，也可以是颜色上的变化、体量上的变化和正负形态的变化。变化的元素相对于整体应是较小的部分，如果变化的元素与被变化的元素在体量上相当，则就不应视为变化，而应视为对比了。变化的重点是差异，差异产生美。

作业 3：平衡是古代先人就已经使用的造型手法。平衡是数量上不等，质量上相等。构成平衡的形态之间有一个显性或隐性的支点，以这个支点为中心，两边的形态在感觉上分量是相当的，保持一个相对静止的状态，不会倒向一方。产品造型设计上的平衡，是在整体造型上设置一个假设的支点，在支点的两端分配形象元素，形成平衡的效果。在这些元素中，形态的凹凸越明显，视觉效果越强烈，在视觉上的比重越大；色彩越鲜艳，视觉效果越强烈，在视觉上的比重越大。设计师的工作是要分配好各部分的比重关系，演奏一曲完美的乐章（图 7–36）。

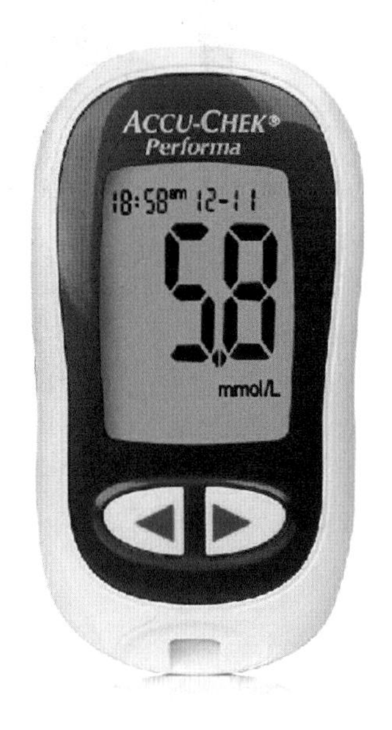

图 7–35　罗氏血糖仪运用的对称规律

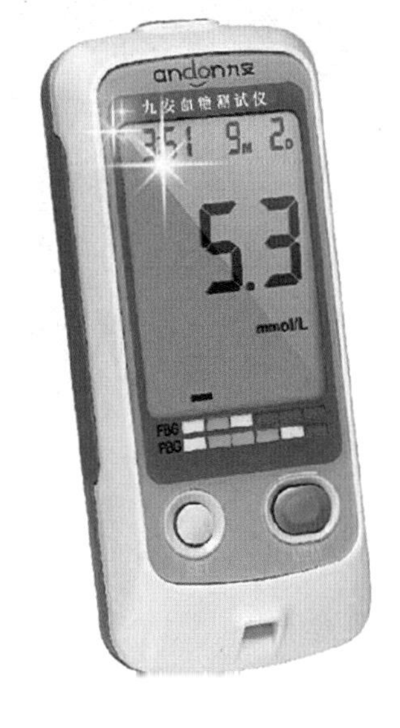

图 7–36　九安血糖仪对平衡规律的运用

作业 4：对比是制造一种碰撞，一种冲突，一种矛盾。好的对比效果能构成造型鲜明的形象，鲜明的色彩，给人一种鲜明的印象。形态的对比有大小、曲直、凹凸、点线面体等，色彩上的对比有明度、纯度和色相等，再加上材质的对比，设计师就可以把不同种类和不同强弱的对比综合运用到一个产品造型设计上，打造一个个性鲜明的产品来。

作业 5：稳定是针对某些产品的造型设计而考虑的，如器皿的造型。从功能上说，对造型做出稳定的设计是保证它的安全性，从美学感受上说，稳定的设计给人们提供了一种心理安慰和安全性的心理保证。一般来说，上轻下重、上小下大容易获得稳定的效果。水平线也能增加稳定的效果。

作业 6：轻巧与稳定相反，上重下轻、上大下小是常用的获得轻巧的方法，纵向的分割线也是提升重心、感觉轻巧的较好方法（图 7–37）。

作业 7：比例在产品设计中比较公认的法则是黄金分割比，即长和宽的比是 1：0.618，在实际设计时，或可大致的理解为 3：2 的关系。黄金分割在艺术创作中的运用有很多记载，如古希腊雅典的帕特农神庙、达・芬奇“蒙娜丽莎”的脸等。

作业 8：韵律表现在重复上，可以是间距不同、形状相同的重复；也可以上形状不同、间距相同的重复。这种重复的首要条件是单元的相似性或间距的规律性，其次是节奏的合逻辑性（图 7–38）。

图 7–37　整体造型竖高，提升了重心，增加了轻巧感

图 7–38　提梁的造型富于韵律感

六、本章任务实施

1. 本章课时为 20 课时，教师可组织学生在课上完成部分作业，其余布置在课余完成。

2. 作业的幅面和纸张是：A4 复印纸，绘画工具以能表现明暗、轮廓和色彩为好，建议使用快速表现的彩铅笔、签字笔、铅笔马克笔等。

3. 教师可展示一些课题的范图供学生临摹参考。

4. 课题作业要定时、定量，要求明确。

七、本章任务小结

1. 课程结束，教师要收取本章的作业，并进行讲评。

2. 对存在的问题，教师要及时指出，并说明纠正的方法。对优秀的学生作业，教师要给予肯定，指出具体的优点。

3. 对没有完成规定作业的学生，教师要在班里指出并做书面记录，也是将来给学生本单元课的成绩打分的依据。

4. 本节课的作业数量是 A4 纸 8 张，分值是 20%。完成 8 张作业、符合要求的是 20 分；没完成作业的，按没完成作业的数量递减。

［思考与练习题］

1. 简述采用什么方法可以获得统一的效果？
2. 怎样使造型显得轻巧？
3. 比较公认的美的比例是多少，怎样运用？

参考文献

[1] 巫濛．设计的原点——中国方式与生活特色．北京：北京大学出版社，2012．

[2] 陈根．产品形象设计．北京：电子工业出版社，2013.

[3] 陈浩，高筠．语意的传达：产品设计符号理论与方法．北京：中国建筑工业出版社，2009.

[4] 柴邦衡，黄费智．现代产品设计指南．北京：机械工业出版社，2012.

[5] 李亦文．产品设计原理．北京：化学工业出版社，2011.

[6] 黄劲松．工业设计基础．武汉：武汉大学出版社，2010.

[7] 毛斌．形态设计．北京：海洋出版社，2010.

[8] 陈根．工业设计创新案例精选：创造数亿销量的国际工业设计法则．北京：化学工业出版社，2010.

[9] （美）Bill Buxton. 用户体验草图设计：正确地设计，设计得正确．黄峰，夏方昱，黄胜山译．北京：电子工业出版社，2012.

[10] 约翰－赫斯科特．设计，无处不在．丁珏译．南京：译林出版社，2013.

[11] 赵健磊，王国彬，刘冠．工业设计综合表现技法分步解析．北京：中国建筑工业出版社，2012.

[12] 史习平，赵超．设计师的毕业典礼．北京：中国水利水电出版社，2012.

[13] （美）George E. Dieter，Linda C. Schmid. 产品工程设计．朱世范，史冬岩，王君译．北京：电子工业出版社，2012.

[14] （美）William Lidwell，Kritina Holden，Jill Butler. 设计的法则．李婵译．沈阳：辽宁科学技术出版社，2010.

[15] 潘荣．构思、策划、实现：产品专题设计．北京：中国建筑工业出版社，2009.

[16] 徐恒醇．设计符号学．北京：清华大学出版社，2008.

[17] 罗仕鉴，应放天，李佃军．儿童产品设计．北京：机械工业出版社，2011.

[18] （美）Donald Arthur Norman. 设计心理学 3，情感设计．何笑梅，欧秋杏译．北京：中信出版社，2012.

[19] 韩然、吕晓萌，说物：产品设计之前．合肥：安徽美术出版社，2010.

[20] （英）布莱姆斯顿．产品概念构思．陈苏宁译．北京：中国青年出版社，2009.

[21] 常蕾，徐朋．当代世界设计新沸点．北京：东方出版社，2010.

[22] 陈朝杰，尹航，杨汝全．设计表现基础与经典案例解析．北京：中国电力出版社，2006.

[23] 王雅儒．工业设计史．北京：中国建筑工业出版社，2005.

[24] 王虹，沈杰，张展．产品设计．上海：上海人民美术出版社，2006.

[25] 夏进军．产品形态设计——设计、形态、心理．北京：北京理工大学出版社，2012.

[26] 王效杰．产品设计．北京：高等教育出版社，2003.

[27] 汤军．产品设计综合造型基础．北京：清华大学出版社，2012.

[28] 本书产品图片均来自淘宝网、相关信息网站和部分同学作业．